人工降雨

―渇水対策から水資源まで―

真木太一・鈴木義則・脇水健次・西山浩司 編

技報堂出版

書籍のコピー,スキャン,デジタル化等による複製は,
著作権法上での例外を除き禁じられています。

まえがき

　人工降雨については,近年,多くの実験が行われ,歴史的にもかなりの情報がある.しかし残念ながら,実用化は思ったより進んでいない.この理由については,本書で詳しく解説するが,強い目的意思を持って国家等の公的機関が推進するとか,災害防止等の具体的目的を強く持ちバックアップしない限り,成り立たないとまで言い切れる.

　その人工降雨法の中には技術的に優れた方法があると,筆者らは信じているが,しかし実用化できていない.この方法は液体炭酸法であり,既に米国・福田矩彦博士(2010年に死去)よって特許が取られている.このため,幾分,使用に当たっては注意が必要である.とはいいながら,非常に優れた方法であるので,日本はもとより,特に世界各国で水飢饉のため水に困っている人々,現在より水を多く利用したい人々,つまり,全人類の水問題の幾分かの解決に貢献する目的で,まずはその人工降雨法がどのような方法であり,かつどのような状況,すなわち,実施・普及位置にあるかを世界の人びとに知っていただくために本書を企画した.

本手法の良さを理解していただき，非常に多くの利用性，利用の可能性があることを理解していただくためにも，そして国民への啓発，あるいは水問題で苦しんでいる世界の人々に対して啓蒙的役割を果たしたいと考え，幾分でも，否，多くの人びとに役に立てればと思っている．

　本書は，以前からの発行計画ではあったが，諸般の事情で実施できなかった．そのうち，時間が経過する中で2010年5月に福田博士が突然死去され，我々関係者は途方にくれていた．しかし，何もしないでいることは，博士の人工降雨普及の意志が浮かばれないと思い，博士の死を期に関係者は出版に集中し，発行する思いを固めた．このことは，これまでにあまり評価されなかった博士のすばらしい成果を高く称え，可能性の高い技術を早く世の人のために役立てる意味で重要であり，供養になると考えたためである．かつまた，今行わないと，本手法が埋もれてしまうことが懸念されるとともに，世界の水問題の幾分かの解決に貢献したいと思ったからである．

　執筆に当たっては，目次に示すとおりであるが，過去の主要な人工降雨法および液体炭酸法について比較するとともに，数少ない貴重な実験による成果を紹介し，今後の本手法の発展性を期待するものである．

　最後に，本書の出版に当たっては，技報堂出版の小巻愼氏に大変お世話になったことに対して心より感謝するものである．

2011年11月1日　木々が色づき始めた筑波大学にて

　　　　　　　　　　　筑波大学北アフリカ研究センター 客員教授
　　　　　　　　　　　九州大学名誉教授

　　　　　　　　　　　　　　　真　木　太　一

名　簿

人工降雨編集委員会
　委員長　　真木　太一［筑波大学北アフリカ研究センター／九州大学名誉教授］
　委　員　　鈴木　義則［九州大学名誉教授］
　　　　　　脇水　健次［九州大学大学院農学研究院］
　　　　　　西山　浩司［九州大学大学院工学研究院］

執筆者（アルファベット順）
　　　　　　真木　太一［前出］
　　　　　　守田　　治［福岡大学］
　　　　　　西山　浩司［前出］
　　　　　　鈴木　義則［前出］
　　　　　　遠峰　菊郎［防衛大学校］
　　　　　　脇水　健次［前出］

目　次

はじめに　*1*

1章　人工降雨法の歴史　*5*

1.1　雨の種の開発と世界の人工降雨実験の流れ　*6*

1.2　日本における人工降雨実験の流れ　*9*

 1.2.1　気球法による人工降雨　*11*

 1.2.2　ヨウ化銀地上発生法　*14*

 1.2.3　航空機法　*17*

 1.2.4　塩粒空中散布法　*21*

1.3　まとめ　*23*

2章　種々の人工降雨法　*25*

2.1　ドライアイス法　*26*

2.2　ヨウ化銀法　*29*

2.3　散水法　*32*

2.4　液体炭酸法　*34*

2.5　吸湿剤散布法　*38*

3章　新しい液体炭酸人工降雨法の適用シナリオ　*39*

3.1　人工降雨とは　*40*

3.2　人工降雨の原理　*43*

3.3　液体炭酸法　*48*

- 3.4 人工降雨実験とはどんな実験　*51*
- 3.5 大気中の水資源　*55*
- 3.6 人工降雨の実施に適した雲と気象条件とは　*59*
- 3.7 実際の人工降雨実験でターゲットにする雲とは　*64*
- 3.8 北部九州は人工降雨の評価に適した実験場　*65*
- 3.9 液体炭素法を適用した初めての人工降雨実験　*68*
- 3.10 液体炭素散布でできた雲の特徴　*72*
- 3.11 単独の人工降雨域を作る　*73*

4章　降水(降雨)の仕組み　*77*

- 4.1 雲,雲粒,降水粒子　*78*
- 4.2 地球大気の構造　*80*
- 4.3 大気成層の安定,不安定　*82*
- 4.4 冷たい雨,暖かい雨　*83*
- 4.5 短時間降水量の増加傾向　*85*

5章　人工降雨実験ドキュメント:成功事例　*91*

- 5.1 1999年 2月 2日　*92*
- 5.2 1999年10月27日　*95*
- 5.3 2006年 2月 4日　*97*
- 5.4 2006年11月 7日　*101*
- 5.5 2007年 1月 8日　*104*
- 5.6 2008年 1月17日　*109*
- 5.7 2009年 1月24日　*110*

6章　人工降雨実験ドキュメント:失敗事例　*117*

- 6.1 2006年12月18日　*118*
- 6.2 人工降雨実験の失敗と怪我の功名　*120*

6.3　人工降雨実験の失敗要因　*122*
　　6.4　人工降雨実験の苦労話　*124*

7章　人工降雨の研究，普及の利点と問題点は何か　*127*
　　7.1　人工降雨と貯水，利水，節水の勧め　*128*
　　7.2　人工降雨法の事業化と技術移転　*129*
　　7.3　研究，普及の利点と問題点　*130*

8章　内閣府日本学術会議からの提言（対外報告）　*139*
　　8.1　対外報告・提言の要旨　*141*
　　8.2　人工降雨に関する提言　*142*
　　8.3　ま と め　*147*

9章　人工降雨の今後の課題　*149*
　　9.1　沙漠化防止，沙漠緑化に有効か　*150*
　　9.2　夏季の干ばつ対策への応用　*156*
　　9.3　気象改良，気象制御への応用　*160*

コラム　ブラジルのバナナ園で散水人工降雨法を実用化　*165*

参考文献　*167*
あとがき　*169*
索　引　*173*

はじめに

真木太一

　近年の地球温暖化に伴う異常気象は,局地規模から地球規模に至るまできわめて発生頻度が高く,月・年平均気温の高温化が進行するとともに,豪雨の発生頻度と降水量,台風の来襲頻度と風速,干ばつの発現頻度と強度の増大等々,少雨と多雨,あるいは逆に多雨と少雨が繰り返し連続して発生するなどの形で出現している.

　例えば,2005年5,6月には西日本では梅雨時に干ばつとなり,特に福岡等の北部九州では空梅雨となり,7月上旬には豪雨,洪水,土砂崩れが各地で発生した.前年の2004年は7月に少なく,次年の2006年は平年並で,引き続く2007年は,5,6月の干ばつに対して7月上旬の大雨のように,2005,2007年の同様の天候の発生等,北部九州では数年間で両極端の異常気象が発生している.

　すなわち,観測史上の記録を年ごとに更新する要素も多く,本来30年に1度程度の出現と定義されている異常気象とは,統計的にもそぐわない状況を迎えている.これは非常に警戒すべき事態であり,抜本的対策が必要であると考えられる.これらに関しては,2007年5月30日に日本学術会議『地球規模の自然災害に対して安全・安心

な社会基盤の構築委員会』から答申「地球規模の自然災害の増大に対する安全・安心社会の構築」が政府・国土交通省に，また一般社会に対しても同名の対外報告が提出されている．その詳しい参考資料の中には，後述の液体炭酸人工降雨法の必要性が記述されている．

また，2007年1月に「科学者コミュニティが描く未来の社会」が日本学術会議『イノベーション推進検討委員会』から報告され，イノベーションと学術研究の中での地球環境問題とエネルギー問題への対応として人工降雨技術開発が，また，水・食料問題への対応でも地球温暖化等による深刻な水不足の問題解決に不可欠であることが指摘されている．さらには，2007年5月25日に『イノベーション25戦略会議』から長期戦略指針「イノベーション25」が公表され，日本の優れた環境・エネルギー技術等の世界への発信・実証の中に温暖化の影響研究および沙漠の緑化による食糧需給の安定等の記述が見られる．これらは水不足や水確保に関連する重要な検討課題である．

国連環境計画 UNEP やノーベル平和賞を受賞した IPCC（気候変動に関する政府間パネル）は，地球温暖化が進む中で，21世紀はさらに深刻な淡水不足が顕在化し，影響を受ける人口が数億人に達すると警告している．

さて，将来予測もさることながら，20世紀にもアフリカ，中国をはじめ，多くの地域で大干ばつが頻発した事実を忘れてはならない．被害は農作物の枯死や家畜の餓死にとどまらず，人間も数千万人が餓死するに至った．他方，人畜の住めない沙漠も拡大の一途を辿っている．日本でも約10年に1度の頻度で干ばつを経験し，国民生活に深刻な影響を与えてきた．

そうした時代の中で、科学的気象制御法としての人工降雨研究が1940年代にアメリカで開始され、それ以来各国で干ばつ・渇水対策を目指して研究に多大な努力がなされてきたが、これらには少なからず不合理な面が見られる．すなわち、原理的には後述のヨウ化銀法、ドライアイス法、散水法の人工降雨法をもとに、地上発煙、気球、航空機等と組み合わせた多様な方式が実験、研究された．しかし、端的な結論としては、莫大な研究費、膨大な研究者を参集したにもかかわらず、これらの方法は期待に応え得る確たる成果は得られず、1970年代には人工降雨に関する研究は停滞局面に入った．しかし、最近になり、ドライアイス法や散水法の改良および液体炭酸法の開発があり、有望視はされるが、実用化、普及には至っていない．したがって、効率評価や普及のために比較研究が急がれるところである．

本書の対象とするのは、少雨、干ばつ下での水資源確保へのアプローチである．特に淡水は、国内はもとより世界的に多くの国において、時期によって、あるいは慢性的に、水不足状態にある．地球温暖化の進行でさらなる悪化も予測されており、水資源確保、渇水対策、沙漠化防止が重要な課題となっている．

気象制御、水資源確保への人工降雨技術開発への挑戦は、いささかもその重要性が低下することはなく、新たな人工降雨法の登場が待たれている．そこに液体炭酸法が考えられるが、まだ十分評価された手法ではない．

このような情勢下で、ヨウ化銀法は環境汚染問題から、また散水法は実験条件が大きく異なるために別にしても、ドライアイス法と液体炭酸法の有効性については、少なくとも同場所で同時に、つまり同一条件下での比較実験を実施する必要があり、両方法について客観

的にその有効性の比較結果を行政および一般社会に公開,提示する必要があると考えられる.たとえ,どの手法が比較実験によって人工降雨・増雨をもたらす確実性が高いと判断されても,その技術は,水不足に悩む人類,あるいは沙漠化防止や沙漠緑化を望む人々に,地球規模で貢献できる人工降雨法として評価され普及可能となる.

さて,2005年6月の西日本の渇水に際し,当時の小泉内閣で人工降雨実施が閣議決定される予定であったが,7月になり大雨が降ったため取り止めとなった.しかし,研究の必要性は十分に認識され,閣議決定で研究費が予算化された.その研究は,内閣府で論議され,文部科学省所管の科学技術振興機構で公募・審査された.結果としてはドライアイス法のみが採択され,他の人工降雨法との比較実験は行われないまま現在に至っていたが,2011年4月～2014年3月の期間,科学研究費「最適人工降雨法の開発と適用環境拡大に関する研究」がスタートしたことで,実験の成功を期待するとともに,今後の液体炭酸法の普及への足がかりができたと思っている.

ここに,人工降雨研究史を振り返りながら,今後の人工降雨,特に液体炭酸法研究の必要性と発展性を記述し,その重要性を日本国民および世界の人々に提示するものである.

1章
人工降雨法の歴史

鈴木義則

人類が今日まで生き延びてきた歴史において最も重要としたのは,食料と水の確保であった.農耕技術を開発し,そのお蔭で文化を発達させ,今日の繁栄を築いた.しかし,その道程にあって,農業生産は天候に左右されるため,数限りないほどの危機的飢饉に見舞われた.その原因の一つには,干ばつがあった.干天が続くたびに,人々の切実なる願いは雨乞いに向けられ,古くから呪術や祈祷を頼りにした.その名残は,山の名前となって現在も各地に残されている.20世紀の雨乞いは,科学的基礎の発見を促し,人工的な降雨の可能性を呼び込み,人々の期待を生み高めるものとなった.

これまでに登場した人工降雨法を逐次開発された雨の種により命名すると,ドライアイス法,ヨウ化銀法,散水法,液体炭酸法等がある.

雨の降り方は,雲の性質によって異なる.例えば,氷点下でも凍っていない過冷却水滴を含む「冷たい雲」では,ベルジェロン・フィンダイセン氷晶説により,他方,過冷却水滴を含まない「暖かい雲」では,ルードラム海塩粒子説により説明される降り方となる[1].このため,適用すべき人工降雨法は当然違ったものになる.本来なら両輪として降雨理論の展開にも触れるべきだが,本節では人工降雨の科学的実験の流れに絞ってその概略を振り返ることにする.

1.1 雨の種の開発と世界の人工降雨実験の流れ

a. ドライアイス法[1,2]　　人工降雨の願いが科学的な考えをもって試みられたのは,1930年秋のオランダの気象学者ヴェラート博士(S.W.Verrart)が飛行機を使いドライアイスや氷の粉末を雲中に散

布した実験とされている.この時は不幸にして良い成果とはならず,結局,研究費不足に追い込まれ,不評のうちに立ち消えになった.

アメリカ・ゼネラルエレクトリック社のシェーファー博士(V.J. Schaefer)は,電気冷蔵庫内を過冷却気体で充満させてドライアイスの粒を落とすと,その結果,庫内が透明となり,底に雪片が降り積もったことを確かめた.これが人工降雨につながる基礎的発見とされ,1945年8月2日のことであった.これにより,自然の過冷却水滴を含む雲にドライアイスをまくと,雪として降らせることができると考えたのである[*1].同僚のラングミュア博士(I. Langmuir)は,早速理論計算のもと量的見積もりまで行い,両博士により本格的なドライアイス空中散布実験が1946年11月13日にニューヨーク郊外で行われた.雲頂高度が約4,000 mの高積雲に対し4,200 mの高度からドライアイスの砕片を約5 kmにわたって散布し,やがてその雲から雪が降り出したのを確認した[*2].彼らは,層雲ではドライアイスをまいた道筋が陥没したこと,高積雲では逆に雲頂が隆起したこと等を初めて明らかにした.ドライアイス散布実験はその後も多くの研究者により世界各地で繰り返された.しかし,降雨量として量的に評価されたのは,数百回に及ぶ実験中10%未満にとどまったという.

b. ヨウ化銀法[1,2)]　　1946年,ヴォンネガット博士(B.Vonnegut)は,燃焼させたヨウ化銀微粒子が$-4℃$以下では氷晶核となること,それはヨウ化銀結晶が氷の結晶に極似するためであることを

[*1] ベルジェロン・フィンダイセン氷晶説の適用.
[*2] ただし,この時は地上までは達することはなかった.

発見した.これは飛行機を使わなくても地上で発煙させて自然の上昇気流により雲（過冷却雲）に送り込むことができる,あるいは気球によって雲の近くで発煙させることが可能等の特長を持ち,ドライアイス法を凌ぐものとして期待された.1948年10月,ニューメキシコ州で野外・地上発煙実験が行われ,風下130 mile以内で平均8 mm,その外側165 mileまでは3.7 mm程度の雨が降ったという.この成功例を契機に各地で実験が行われることになった.その結果,降雨効果が認められないケースも多くなった.その主な理由としては,ヨウ化銀粒子は大気中,特に太陽光下で氷晶としての能力を失う性質があること,また,氷晶核発生数も温度によって大きく変わる特性があるためとされた.さらに,その毒性から生態系への懸念といったマイナス面も指摘されるに至った.

c. 散水法[1]　　高温期によく現れる暖かい雲に対して,海塩粒子が凝結核となるルードラム博士（F.H.Ludlam）の降雨機構説からドライアイスやヨウ化銀とは別の雨の種があってよい,こう考えてオーストラリアCSIROのボーエン博士（E.G.Bowen）は,1950年前後に散水実験を行った.海塩粒子を含まない大陸性の暖かい雲を対象に飛行機で雲上から水を散布した結果,降雨を認めた[*3].その後,実験を重ね,雲の厚さが2,000 m以上あれば効果的に雨を降らせることができ,1 tの散水で100万 tの雨を降らせることを示した.その後,多くの研究者が水や海水のほかに塩化カルシウム等の吸湿性物質を加えた水溶液も用いて実験した.

[*3]　ただし,この時は地上には達せず.

d. 液体炭酸法[2,3]　　アメリカ・ユタ大学 Norihiko Fukuta（福田矩彦）教授は，液体炭酸が氷晶生成力において温度に関わりなく一定でかつ高い能力を持つこと，それ故に温度依存性が高いヨウ化銀より優れていることを明らかにし，人工降雨に適用する方法を開発した．1996年に提案された液体炭酸航空機法は冷たい雨を対象とし，RETHITとFILASに基礎を置くLOLEPSHINという方法（本法については35頁参照）で，科学的考察を可能としている．実証研究は，北部九州において1999年1月からユタ大学，九州大学，福岡県庁との共同で開始され，雲底直上の氷点下の層に液体炭酸を噴霧した結果，福田理論が予測した茸型人工エコーをレーダーで捉えるとともに地上で降雨を確認した．なお，福田教授は，ヨウ化銀やドライアイスを超える効果を持つメタアルデヒドの特性も見出した．

1.2　日本における人工降雨実験の流れ

　日本での人工降雨実験は，第二次世界大戦で日本が壊滅的に焦土と化したわずか2年後，アメリカでの実験のわずか1年後の1947年12月11日，日本電発送電（株）の依頼を受けた九州大学伊藤徳之助助教授（当時）による米軍機を使った佐賀県上空でのドライアイス空中散布法が最初であった．これはシェーファー博士，ラングミュア博士の成功に触発されたものであった．冬型の天気下で積雲に散布したところ，彼はパイロットのホームズ中尉らとともに機上から投下後にはその前には見なかった雪片を認めた．一方，地上側では，川上川発電所（佐賀県）の所員が「機影が雲中に隠れたあとに雲に変形

が起こり、しばらくして約10分間の降雪があった」と報告した[7].

　戦後の復興のため、電力エネルギーの確保が急務とされていた。当時は水力発電が主力であったが、干ばつに見舞われることが多く、特に1951年の干ばつはひどく広範囲にわたったため、水源のダムは水量不足イコール電力危機に追い込まれた。そこで人工降雨に期待が寄せられたのである。同年秋、九州電力は阿蘇山頂でヨウ化銀法を実施したが、結果は思わしくなかった。九州電力は九州大学農学部気象学教室（寺田一彦教授）に指導と協力を要請した。ここに本格的な人工降雨の実験が開始された（その後、後任の武田京一教授に引き継がれた）[7]. 全国各地でも九州同様に、関西電力と大阪大学理学部（浅田常三郎教授）、東京電力と東京大学理学部（正野重方教授、磯野謙治助教授）、東北電力と東北大学理学部（山本義一教授）等が実験に取り組んだ[12]. 共同的に研究を進める組織として、1952年2月に人工降雨研究中央事務所が東京に設置された。

　その流れの中で、政府も人工降雨研究の重要性を認めるところとなり、科学技術庁（当時）が1961～66年の5年間にわたり日本人工降雨研究協会[会長：武田京一（九州大学教授）]に研究を委託した。同協会には関東支部と九州支部があり、ドライアイス法、ヨウ化銀法、散水法等の当時あったすべての方法について、多様な観点から基礎的・実用的研究を大規模に実施した[7〜9,11]. 雲粒検出器等の機器の開発や人工降雨か人工増雨かの論議もされるなど、研究過程は真摯で活発であった。画期的であったのは、研究協会の大元である九州に本格的な降雨用レーダーが導入されたこと（1962年当時主な実験地であった熊本県人吉市に設置、後年九州大学箱崎キャンパスに移設）で、気象台管轄レーダーとは違い鉛直断面がとれるとともに、運用時

間が自由になったことであった(ただし,1957年からレーダーは試用されていた).効果判定に難渋していた時のレーダー導入を受けて,武田京一博士と元田雄四郎博士(1969)が「レーダーは従来統計学の領域に引っ張り込まれかけていた人工降雨を再び雲物理学の領域に引き戻すものである(原文)」[8]と述べているのが印象深い.

しかしながら,1970年代に入ると,日本での人工降雨研究は下火となっていった.エネルギー開発の転換が進み,水力発電の地位が低下したためである.それ以降は,干ばつが長引いた年に行政からの要請を受け実施されることはあった[4,5]が,技術的にはヨウ化銀法あるいは散水法を踏襲したものであった.干天連続の下では人工降雨に適した雲の出現も少なく,効果は芳しくなかった.

しかるに,1994～95年の北部九州大干ばつを契機に,再び人工降雨が注目されるようになった.1999年,アメリカ・ユタ大学福田矩彦教授が新しく開発した液体炭酸航空機法の実証実験が九州大学との共同研究として開始された.

以下で,日本における実験例を,主に九州での具体的内容について振り返ることにした.内外の人工降雨を詳しく紹介した飯田睦治郎氏(1972)[1]が九州をほとんど取り上げていないことを考慮してのことである.なお,各「雨の種」について同時並行的に基礎面・応用面から実験が進められたので,時系列的な記述を避け,雲に送り込む手段別に述べていくことにする.

1.2.1 気球法による人工降雨 [7,9,11]

気球法による人工降雨のターゲットは冷たい(過冷却)雲と暖かい雲で,雨の種は,前者がヨウ化銀やドライアイス,後者が水または

塩化カルシウムであった．九州では1952年から行われた．実験班は，放球決定と実験時の気象解析のために用意周到な準備を行った．地上天気図，極東天気図，700 mb（= hPa，以下当時のまま記す）と500 mbの高層天気図，地上24時間の気圧偏差図から地表の気圧系の移動を予測した．さらに，実験地では高層気象調査としてレーウインゾンデを揚げて断熱図を作成し，大気状態と0℃以下の雲を確認のうえ，放球時刻を決定するとともに，放球後の気球の航跡線も確定した．放球は，主として温暖前線通過後と寒冷前線通過前および低気圧到来前で，しかも効果判定のしやすいように気象学的に見て上昇気流が存在し，かつ比較的広範囲に過冷却層がある時に行った．上昇速度の実測は気球追尾によった．気球の理論的上昇速度は，300 g気球では負荷を620 gとして気球半径を70 cmに膨らませると300 m/min（1分間当りの上昇速度），65 cmに膨らませると200 m/minとなる．水素の充填に当たっては，浮力零と釣り合う重量，すなわち300 m/minで1,700 g，200 m/minで1,400 gの重りをつくり，これに釣り合うまで膨らませた．

放球は，昼間や夜間，1回につき10〜40球行われた．夜間を選んだのはヨウ化銀の日射による変質を避け，ドライアイスの昇華を抑制するためでもあった．効果判定は，測候所の雨量データと九州電力の常設および特設の自記雨量データから降雨開始等線（開始が等しい時刻）や雨量分布図を作成し，これに気球の航跡線を合わせることによって行った．なお，小学校，中学校や交番による観察，さらには気球搭載ハガキを拾った人からの報告も参考した．

a. ヨウ化銀気球法 [7,11]

ヨウ化銀気球法は，300 g気球に気圧式

リレー（後には温度式リレーに変えた），ヨウ化銀燃焼剤（ソーセージ状ヨウ化銀）を取り付けたものを放球し，雲中の所定の高度に達した時，直接ヨウ化銀を 1,100 ℃で燃焼させ種まきを行う方式である．実験は十数年にわたって行われた．結果の一部を示すと，以下のようである．1953 年 10〜11 月，熊本県人吉市，効果判定：6 回の実験（作用高度＝5.3 km）中，人工降雨著しい 4 回，雨 2 回．

b. ドライアイス気球法 [7,9,11]

ドライアイス気球法は，300 g 気球に気圧式リレーあるいは温度式リレーとドライアイスを取り付けたものを放球し，雲中の所定の高度で直接ドライアイスを種まきする方式である（図-1.1, 1.2）．リレー作用温度は，−10 ℃[冷たい（過冷却）雲が対象]に設定，ドライアイスは一組の気球につき 3 kg を吊り下げた．十数年にわたって行われた．1958 年 6 月 28 日の実験（高度 7,100 m）で顕著な人工増雨を認めたとしている．

図-1.1 1957（昭和 32）年 2 月 7 日人吉市における人工降雨用ドライアイス気球

c. 気球散水法 [7]

暖かい雲を対象に，初めて気球散水法を実施したのは，1958 年 7 月 30 日

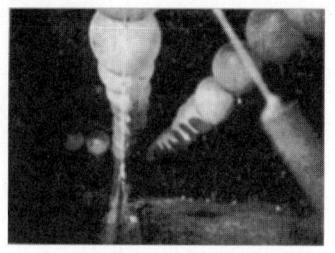

図-1.2 1960 年 2 月 29 日気球法（夜間）によるドライアイス散布実験前の準備された気球とドライアイス箱

であった.塩化カルシウム40％水溶液15Lずつを3回にわたって気球30個によって上空に運ばせ,雲上(積雲)より散布した.この結果,散布地域に1～2mmの降雨を観測,ただし,この日は九州各地の山岳地帯付近で0.5～1mmのにわか雨を見ているので,必ずしも人工降雨とは推定しがたいとされた.次回の8月23日には同49％水溶液を56個の気球で0℃の層(約4,700m)に運び散水した.気球の経路を辿って雨量分布を見ると,6mmの降雨の中心域があり,人工的刺激の効果と推測された.とはいえ,本法は風まかせのため,雲が広範囲に存在しないと有効とならないので,その後の実施例を含め,飛行機法には劣ると結論された.

1.2.2　ヨウ化銀地上発生法[7,11]

この方法は,1,050～1,100℃で燃焼させたヨウ化銀煙を自然の上昇気流に乗せて拡散させながら過冷却の雲まで到達させ降水を導こうとするものである.九州では1953(昭和28)年から行われた.第一段階として,ターゲットエリアに九州山地の東側の耳川電源地帯を選定し,そのための地上発生地点として山地の西側の熊本県人吉と五木の2地点を選定した.実験結果の判定は,九州電力の常設および特設の自記雨量データと各測候所の雨量データから降雨量分布を描き,この時の地上および高層天気図より判定したヨウ化銀煙の拡散方向を重ねて行った(この後,第二段階,第三段階……として,発煙地を熊本県に加え鹿児島県,長崎県,福岡県等の地域に拡大するとともに,統計判断を容易にするために作用域,非作用域という地域2分割設定方式を採用した).

ヨウ化銀発煙基地には,**図-1.3**に示す装置が設置された.

図-1.3 本渡変電所(熊本県)に設置したヨウ化銀煙地上発生機

図-1.4 九州で開発されたヨウ化銀発煙装置

この間には,ヨウ化銀煙発生機の改良や開発も九州電力総合研究所により九州大学の協力のもとで進められた.その成果が図-1.4である.

ヨウ化銀地上発生法による人工降雨,人工増雨,雷雲抑制についての実験結果のごく一部を示すと,以下のようである.

① 冬季 1953年11月15日〜1954年3月28日

　ヨウ化銀発生地点:熊本県人吉市,五木村.

　効果判定:16回の実験中,多雨域6回,降雨あるも効果不明瞭7回,降雨なし2回,自然降雨のため中止1回.

② 暖候期 1954年4月12日〜9月9日

　ヨウ化銀発生地点:熊本県人吉市,五木村.

　効果判定:12回の実験中,多雨域7回,降雨あるも効果不明瞭4

回,降雨なし1回,自然降雨のため中止1回.

③ 夏季　1955年5月3日～8月31日

雷雲(積乱雲)の初期消滅を主目的としたヨウ化銀地上発生法実験も行われた.

ヨウ化銀発生地点:熊本県人吉市,五木村,鹿児島県塩浸.これも作用域,非作用域という地域2分割設定方式で行われた.結果は統計的に判定し,雷の発生を阻止する傾向があったことを認めた.その理由は,自然核が氷晶として−15℃以下でないと作用しないのに対して,ヨウ化銀は−4℃ぐらいで作用し始めること,そのため積乱雲が十分に発達しない前の低高度で氷晶を生じ,落下雨滴も粒が小さく落下の途中で蒸発しやすくなること,したがって,積乱雲が十分発達する場合に比して雷も降水量も少なくなるとされた.

ここで,話題を少し転じることにする.

地上実験では,降雨があった時,それが自然のものなのか,人工降雨によるものかを検定するためにビッグ氷晶核測定装置が使用された(**図-1.5**).ここに示す例は,1978年の北部九州干ばつに際し

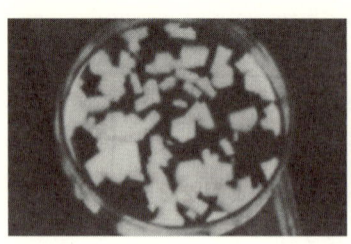 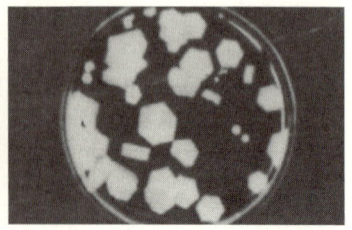

図-1.5　ヨウ化銀地上発煙法実施時の雨水中から検出された人工氷晶(六角形)(長辺形に見えるのは立った姿).発煙基地の風下の2箇所,(左)北九州市穴生浄水場で採取,(右)福岡市瑞梅寺浄水場で採取

てヨウ化銀地上発生法を実施した折のものである．検定には２つの観点が基礎にある．すなわち，ヨウ化銀粒子の有無と氷晶核生成時の温度はどうかである．氷晶化は自然では－10℃で100個/m³以下，－20℃で10,000個/m³以下であり，一方，ヨウ化銀の場合には－4℃で始まる．採取された雨水から氷晶核ができれば，そしてその温度が－10℃より高くてできればヨウ化銀粒子を含む，したがって，人工降雨によると判断することができる．氷晶核検定実験の結果は図-1.5に示すように，設定温度－9～－10℃で氷晶化が起こっており，人工氷晶核(AgI)の存在が示されるものとなった．

1.2.3 航空機法 [7,11]

a. ドライアイス航空機法　航空機を用いた九州での本格的な研究は，日本初の実験から９年後の1956年，福岡管区気象台の気象レーダーが背振山頂に完備したこと，前出の伊藤教授(当時)の要請に毎日新聞社が応えて所有の飛行機(パイパーア

図-1.7　実験風景―飛行機による実用実験出発前―ドライアイスを積み込む(1957年1月26日)

図-1.6　1956年1月31日 16:13 ドライアイス種まき5分後の雲の状態(種まき地点は背振山南東)

パッチ暁星号双発5人乗り)を提供してくれたことが契機となった(図-1.6, 1.7). 1956年1月31日, ドライアイス航空機法の実験が九州大学と福岡管区気象台の主催, 九州電力と毎日新聞社の後援で行われた. 小倉市曽根飛行場(旧北九州空港, 現在の新空港とは別)から飛び立ち, 背振山南東方一帯の高度約3,000 m, 温度-13℃, 積雲(雲底約1,300 m)の上から種まきをした. ドライアイスは1〜2 cmの大きさに粉砕した25 kgを300 g/1 kmの割合で均一に雲の上から落とした. その散布の際, 位置確認とレーダー検出を容易にするためにアルミ箔片と50枚のハガキも同時に投下した. 効果判定はレーダー観測, 地上雨量観測網, 投下ハガキの返信, 電話問合せ等によった.

その折, 機上で撮影された雲の一例が図-1.6である. 種まきされた雲は, 種まき5分後には線状に細長い凹みができ, 谷の両側から滝のように雲が落ち, 15分後には雲底(1,364 m)から雨足が見られ, 地上でも15分間の降雨を見た. この写真はシェーファー, ラングミュア両博士の著名な実験写真を追認するものである. ただ残念なことに, この地点はレーダーの死角となり, 折角の最新鋭の能力も発揮できなかった.

この時の一連の実験は, 1956年1月31, 2月4日, 2月18日の3回にわたって行われた(ただし, 2, 3回目は別の単発機による). それ以後は, 毎日新聞社のほか, 航空大学校, 海上自衛隊, 西日本空輸等の協力のもと, 大掛かりな実験が数年にわたり展開された.

1964(昭和39)年3月8日, 人吉市上空で行われたドライアイス散布実験では, レーダーに飛行機のドライアイス散布航跡どおりに発現した人工降雨エコーとその鉛直断面を捉えるという画期的な

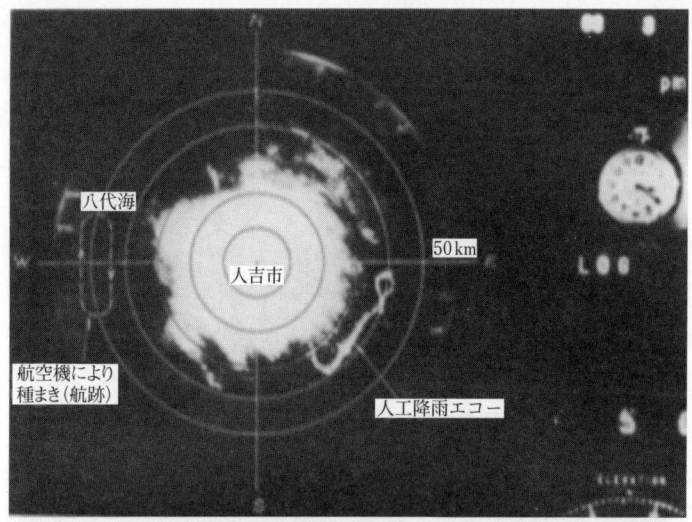
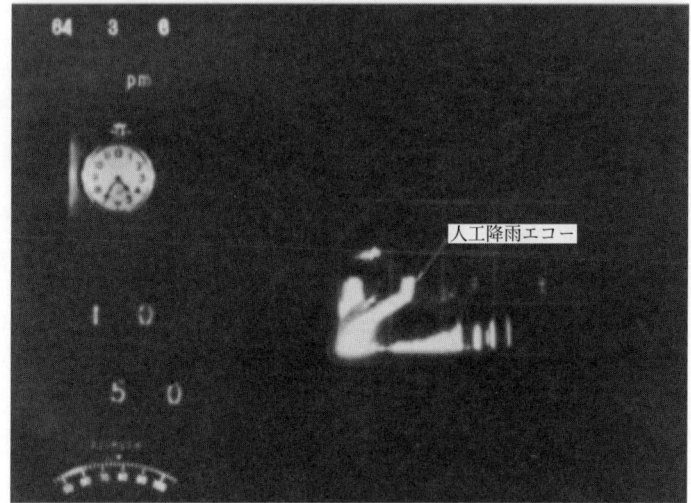

図 - 1.8 人吉市上空で飛行機のドライアイス散布航跡どおりに発現した人工降雨エコー．(上)平面 PPI 画像，(下)鉛直断面 RHI 画像．1964 年 3 月 8 日

成果が示された(**図 - 1.8**).とはいえ,これを現代の観点に立てば,エコー面積で見て降雨域の広がりが狭く,雲自体のさらなる発達が起こっていないことに注目しなければならない.ドライアイス法の注意点であろう.

b. 散水航空機法[7,8]　これは暖かい雲を対象に飛行機から直接雲頂に水をまく方法である.1958年の5〜8月上旬にかけて九州で起こった未曾有の干ばつ,渇水に対して行われた実験結果を見てみよう.局地的に発生する熱源積雲や積乱雲を対象に7回行ったうちの1958年7月21日の例が面白いので紹介する(**図 - 1.9**).

毎日新聞社の暁星号は水90Lを積載し板付飛行場(現福岡空港)を離陸し,人吉市の西方,川辺川上流域上空を目指した.レーダーに散布前から強雨エコーが現れていた4,300mの雄大積雲上から16:17,16:21,16:35の3回にわたって計54Lを散水した.この時の雲の状態は発達途上にあり,厚さは2,500mあった.いったん凹んだ後,上昇して塔状雲ができ,16:32にはかなり雲が盛り上がり,散水21

 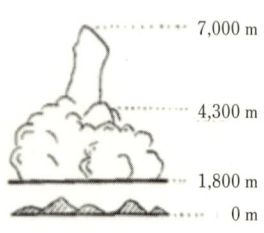

図 - 1.9　雄大積雲への散水によりできた人工塔状雲―人吉西方20kmの上空.
　(左) 1958年7月21日16:35,種まき後14分,(右)そのスケールを記したもの

分後の 16:38 まで観測され, その後は薄くなって沈下していった. 散水された雲の通り道に当たった九州電力五木発電所では, 機上散水 23 分後の 16:45 から 17:25 の 40 分の間に 4 mm の降雨を観測した. その近辺には雨量観測点がなく, 面的な量はわからないとされた. このタイプの形状はフィンガーシュートと呼ばれる現象であり, 見かけの変化は大きいものの, 降雨域には広がりがなく, 雨量は限定的とされる.

この散水実験を含め数百回に及ぶ実験が行われた結果, 得られた結論の一つは, 雲厚 1,000〜2,300 m の積雲は自然のままでは降雨は生じないが, 散水すれば降雨を生じるというものであった.

1.2.4 塩粒空中散布法

日本の気象庁気象研究所村上正隆室長グループは, 巨額の国費により水資源確保のための人工降雨, 降雪の実験を進めている. 近年の状況を四国新聞の報道に基づいてその概略を紹介すると, 以下のようである[6].

2008 年 5 月 29 日の記事「6 月から四国で人工降雨実験－気象庁気象研究所」では,『(前略)実際に早明浦ダム周辺に雨を降らせるため, 航空機などからドライアイスや塩の粒をまく実験は 6 月第 2 週から実施する予定. (中略)実験を統括する同研究所物理気象研究部第 1 研究室の村上正隆室長(54)は「人工降雨の実用化に向けて実験を進めていきたい」としている』.

そして、2 年後の 2010 年 8 月 18 日付け記事は,『人工降雨技術「道半ば」／香川, 高知での実験終了』と題したものとなった.『夏の渇水対策で人工的に雨を降らせることができるか. 気象庁気象研

究所(茨城県つくば市)が人工降雨の可能性を探ろうと，2008年から香川,高知両県で実施してきた実験が今夏,終わった.(中略)実験は,水分を吸収しやすい塩の微粒子を雲に散布.塩が核となって直径0.01ミリ程度の水の粒(雲粒)を成長させる．0.1〜1.0ミリ程度になれば,自重で落下し雨になる仕組み.今年は6月末までの3週間に計10回,ヘリコプターで雨雲の真下,高度600〜1,200メートルから1回約20キロの塩を散布.雲の上にまくと拡散するので,上昇気流で下から雲に吸い込ませた方が効率的という.直後に雲粒の数や大きさを調べた.気象研の村上正隆第1研究室長によると,実際に雨を降らせるほどの量の塩は使わなかったが,雲粒が雨となる一歩手前,直径0.05ミリ程度に短時間で成長するなど一定の有効性を確認.(中略)気象研によると,人工降雨は中国や米国など約40カ国で実施されているが,どれだけ効果があったか裏付ける科学的データは得られていないという.村上室長は「大半の国は干ばつなど必要に迫られ,有効性を確認しないまま進めている.実験で得られたデータを踏まえ,人工降雨技術の確立と実用化に向けて取り組みたい」と話している』.

　以上が四国新聞記事の抜粋であるが,当初実験の狙いを「実際に早明浦ダム周辺に雨を降らせるため―」と説明しながら，2年後実験終了時には「実際に雨を降らせるほどの量の塩は使わなかった―」とコメントしたことに奇異な感じを受けざるを得ない.

1.3 まとめ

　人工降雨研究は,日本でも敗戦直後から始められ,大規模な実用化実験と平行して基礎実験も精力的に行われた.過去の研究業績を改めて繙いてみて,当時の研究者の干ばつ・水不足回避への執念がひしひしと伝わってくるのを覚えた.活字はもとより,図の手書き部分,実験時の写真から,膨大な時間との戦いの跡が偲ばれた.

　1970年代までの実用化の方法は,21世紀にはそぐわないものとはいえ,科学の進歩の過程では必然のことであったといえよう.先人の系統的で組織的な実行力と傾注された努力には敬意を払わねばならない.

　科学史を現代人から見る時,注意すべきことに触れておきたい.例えば,あるものの発展には,それ自体の進展への努力のほかに,周辺科学の発展や機器の進歩が深く関わっている.同じ物質を扱うにしても,「時代の壁が存在する・存在した」によって,「成果は大きく変わる・変わった」事実があることを認識しておかなければならない.測定・分析機器,測定手段の発達,作図,解析法の迅速化,さらには交通手段の発達は,かつて最も労働が要求された部分を圧倒的に楽にしている.今その恩恵だけに甘えて,多量かつ精緻なデータを見せて過去を凌駕したといっても,本質的な展開に結びついていなければ,進歩とは言えないだろう.コンピュータが汎用化される以前の研究成果の評価に当たっては,敬意を払うことがあってもよいと考えるのは筆者だけであろうか.

　干ばつを含む異常気象は,地球温暖化問題で増幅されながら現在

も重要課題として厳然としてある．秋～冬～春における水資源確保に対しては，自然界の持つ原理を活かしたより確実な液体炭酸航空機法に注目することになろう．

引用文献

1) 飯田睦治郎：気象の未来像―理想の姿を求めて，日本放送出版協会，pp.222，1972.
2) 福田矩彦：気象工学―新しい気象制御の方法―，気象研究ノート，164, pp.213, 1988.
3) Fukuta,N., K.Wakimizu, K.Nishiyama, Y.Suzuki, H.Yoshikoshi：Large unique radar echoes in a new, self-enhancing cloud seeding, *Atmos. Res.*, 55, 271-273, 2000.
4) 人工降雨研究会：人工降雨に関する調査研究報告書(福岡県), pp.53, 2001.
5) 九州電力株式会社：人工降雨実施成果報告書－福岡県を対象とした地上発煙による人工降雨(昭和53年11月～54年4月), pp.55, 1979.
6) 四国新聞社：ホームページ SHIKOKUNEWS, 2008.5.29, 2010.8.18.
7) 武田京一，坂上務：人工降雨の研究(昭和28年度～昭和34年度下期分)，九州電力研究期報，第2～14巻，1954～60.
8) 武田京一，元田雄四郎：降雨機構とその制御，天気，16(9), 384-388, 1969.
9) Takeda,K.：An evidence of effects of dry-ice seeding on artificial precipitation, *J.App.Met.*, 3, 111, 1964.
10) Takeda,K.：A quantitative determination of the amount of artificial precipitation in the case of dry-ice seeding, International Conference on Cloud Physics, Tokyo and Sapporo, 441-445, 1965.
11) Takeda,K.：Some recent results of weather modification activities in Japan, Proc. 1st National Conference on WeatherModification, *Amer. Met. Soc.*, 8-15, 1968.
12) 東京電力株式会社：東京電力における人工降雨十年史，pp.169, 1962.

2章
種々の人工降雨法

真木太一, 鈴木義則, 脇水健次

2.1 ドライアイス法

まず,人工降雨法には主に,ドライアイス法,ヨウ化銀法,散水法,液体炭酸法がある(**8章参照**).そのほかに吸湿剤散布法がある.以上の5つについて解説する.

ドライアイス法は,図-2.1に示すように,数cmの大きさに砕いたドライアイスの欠片(かけら)を航空機で雲頂よりも上空から雲に散布する方法である.このため,航空機を後述の液体炭酸法の散布高度より上空に上昇させる必要がある一方,乱れの大きい雲内部や山岳部よりも下層の高度を飛行する必要がないことから,飛行の危険性は低いといえる.したがって,航空機の運用・安全面ではメリットがあるが,水資源の獲得ではデメリットが大きい.その理由は,ドライアイス散布後の雲物理・力学的相互作用の中で発生する.

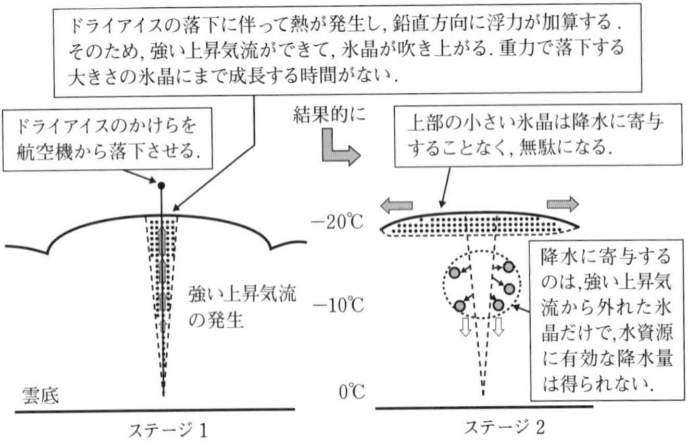

図-2.1 ドライアイス法による人工降雨の原理

2.1 ドライアイス法

すなわち,ドライアイスは雲頂付近に散布された後,鉛直下方向に氷晶を発生させながら落下する.氷晶は,その成長による潜熱発生のため上昇気流が誘起される.したがって,鉛直方向に分布する氷晶群は,全体として上方へ移動する.この際,周囲との浮力が氷晶群を含む鉛直方向の雲気柱(上下に細長い柱状雲を含む空気容積)全体に作用するため,氷晶群は急激に上方に輸送される.

よって,氷晶群が周囲に拡散する効果が低くなり,強い上昇気流中で輸送されるため,氷晶同士で雲気柱内部にある限られた水滴を奪い合う,いわゆる競争成長が卓越して氷晶の成長は著しく制限される.また,上昇気流が強すぎて氷晶の成長に必要な時間も確保できないため,人工的に生成した大部分の氷晶は,落下可能な大きさに成長できないまま雲頂付近まで輸送される.したがって,その氷晶は降水に寄与する可能性は低くなり,実際に降水になる氷晶はその雲気柱から離れて成長する氷晶だけとなる.

過去の観測例では,1958年の九州大学によるドライアイス実験や諸外国の多くの実験の報告のとおり,航空機散布が線状になることから,その問題の共通性は降水域の狭さにある.中には,1回の散布では降水域が狭いため,何度も散布して降水域を拡げた実験もある.この狭い降水域は,上述したように,一部の氷晶が強い上昇気流のある人工雲の雲気柱から離れて成長・形成されたものと考えられる.

その他の大部分の氷晶は,通常の雲頂を貫いて上空に形成された塔状の雲(図-1.8,1.9)の中に存在し,この場合も著しい競争成長が起こるため,その時間帯には降水は期待できない.この塔状の雲(図-1.8)は,ドライアイス散布の結果として報告される観測例が多

く,鉛直方向の浮力が大きく,上昇気流が強すぎるために発生する.この特徴は,力学的な雲の形成であり,一見実験が成功したかのように錯覚するが,この現象を雲物理的に見ると,塔状の雲内では十分に成長できない多くの氷晶が存在することを示している.すなわち,塔状の雲の存在は氷晶の拡散を阻害し,結果的に降水としての水資源獲得を防害することになる.

上述の観測例と考察に基づくと,ドライアイス法は大部分の氷晶の雲内での拡散が阻害され,降水に寄与しない点を考慮すると,水資源を得る効率的な方法ではないと考えられる.したがって,本法は多額の費用を投資した割には,必要な水資源量が獲得できない可能性がある.これについては研究が必要である.

今後,実験・観測,数値実験,ドライアイス法・液体炭酸法の客観的モデル構築を通して,注意深く比較検討する必要がある.特に解明の要点である雲内への氷晶の拡散は,本法よりも後述の液体炭酸法の方が非常に多いとされる.したがって,その拡散強度の客観的評価指標を提示する必要がある.特に,ドライアイス法と液体炭酸法の差異について早急に関連研究を推進する必要がある.

さて,夏季の積乱雲のように上昇気流が強く雲が厚い場合には,ドライアイスの散布で形成されたほとんどの氷晶は十分成長しないうちに上昇気流に乗って雲頂に達し,カナトコ雲(積乱雲上部の鉄床状の雲)の中に取り込まれ,落下しないで消散することが多くなる.

すなわち,本法は,特にヨウ化銀法や液体炭酸法より特に塔状の雲が発生しやすいため,多量にドライアイスを散布した場合には,風に流された氷晶は,実験領域よりかなり離れた場所で長時間後に有効に作用すると推測される.しかし,目的とする場所から掛け離れ,か

つ時間的に遅れた発生であるため,多くの場合は判定できず,確率的にも利用価値の低い現象である.

2.2 ヨウ化銀法

ヨウ化銀法は,**図-2.2**に示すように,ヨウ化銀を高温炉の火炎中で蒸発させて凝縮発生する微小粒子を地上または上空から高層の雲に送り込み,ヨウ化銀を氷晶核とする氷の結晶(氷晶)を形成させ,降雨,降雪として地上に落下させる方法である.

まず,地上からヨウ化銀粒子を散布する地上発煙法について述べる.この方法は,ヨウ化銀煙自体の浮力および自然の上昇気流を利用してヨウ化銀を上空に持ち上げ,氷点下の空気中にまで達したところで氷晶核として機能させることを目的としている.しかし,氷点下

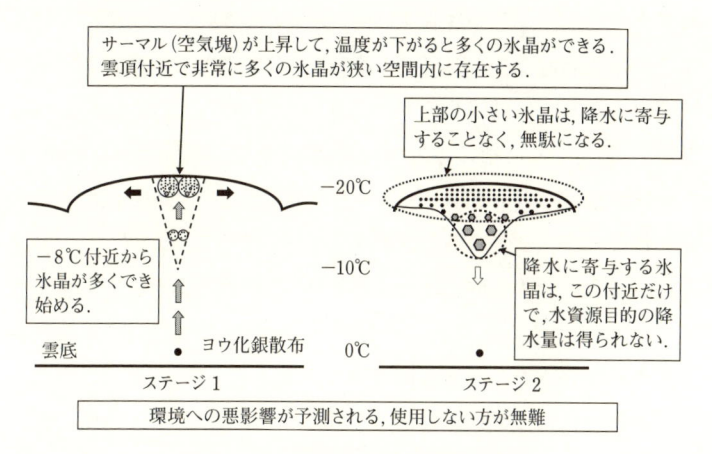

サーマル(空気塊)が上昇して,温度が下がると多くの氷晶ができる.
雲頂付近で非常に多くの氷晶が狭い空間内に存在する.

上部の小さい氷晶は,降水に寄与することなく,無駄になる.

−8℃付近から氷晶が多くでき始める.

降水に寄与する氷晶は,この付近だけで,水資源目的の降水量は得られない.

雲底　　　　　　ヨウ化銀散布
ステージ1　　　　　　　　　ステージ2

環境への悪影響が予測される,使用しない方が無難

図-2.2 ヨウ化銀法による人工降雨の原理

に至る高度に雲が存在する気象状況はむしろ少ない.また,ヨウ化銀粒子が仮に上昇気流で雲中に入っても,雲の下層部では氷晶の発生が不足し,潜熱の発生が抑えられるため,氷晶は上昇気流に乗るだけで周辺には拡散しない.

一方,ヨウ化銀粒子が上層部に達すると,逆に過剰に多くの氷晶が発生するため,結果的に氷晶の多くは,雲の上層部の狭い範囲内で互いに限られた水分を奪い合う過剰種まきの状態に陥り,氷晶の成長が著しく制限される.したがって,ヨウ化銀を核とした氷晶の多くは,小さく軽いために重力に逆らって落下することが妨げられて,降水に寄与せず,無駄になる可能性がある.すなわち,人工的に発生した氷晶のほとんどが無駄になって低効率化を示し,結果的には水資源を得るほどの増雨効果は望めない結果になると考えられる.

さて,本法では,過去半世紀にわたり地上発煙法が採用され,統計法(多くのデータを統計的に解析)を用いて人工降雨の効果が評価されてきた.しかし,この評価法は,条件を整えて何度も同様に実験しなければいわゆる統計処理ができず,そのため多くの費用,労力,時間が掛かる割には効果判定ができない事例が多かった.自然の変動が激しく,そもそも煙の拡散方向・濃度の予測が困難であるため,ヨウ化銀粒子の氷点下到達位置にある空気湿度,雲の形態・高度等の情報が得られないという根本的な問題を含んでいる.したがって,効果が期待できない人工降雨法であるといえる.その問題を回避するため,航空機やロケットによって上空からヨウ化銀を燃焼させて散布する方法が日本をはじめ世界各国で実施されたが,前述のヨウ化銀の温度依存性の問題が依然として残ることになり,人工降雨の低効率性は変わらないことになる.

2.2 ヨウ化銀法

次に,ヨウ化銀はそれ自体が弱い毒性を持つこと,ヨウ素と銀の化合物であり,化学的環境汚染物質として,多くの場合に動植物に好適な効果よりも害的影響の方が大きい問題がある.特に,ヨウ素は,人間の甲状腺ホルモンの構成物質であり,必須要素であり,そして医薬品(消毒剤のヨードチンキ)として有用な作用を及ぼすが,『毒物及び劇物取扱法』では医薬用外劇物に指定されており,「過ぎたるは及ばざるが如し」の喩えどおり,害の方が懸念される.一方,銀は重金属ではあるが,比較的酸化し難いこともあり,環境への悪影響は比較的少ないと考えられる.いずれにしてもヨウ化銀は自然に分解するが,無毒化するには長期間を要する問題がある.

また,国内のヨウ化銀法の実験では,ヨウ化銀の使用量は1回当り0.3〜2 kgであった.拡散域は散布方式や気象条件により異なり,点源の地上発煙法では風下距離60 kmから150 kmまで,最大幅は数kmから数十kmまでであった.一方,線源である気球法と航空機法ではあまり広がらず,例えば,航空機法でのレーダーエコーは,幅2 km,風下距離20 kmの棒状を呈した.これらの実験期間を通じて,人体や生態系への影響例は報告されなかった.この程度のヨウ化銀散布では健康への影響は少ないと考えられるが,事業として実施する場合は使用量も使用回数も数十倍〜数百倍となるため,健康への懸念が残る.

さらには,水棲生物や小魚に影響するとされており,環境ホルモンや重金属の食物連鎖による生物濃縮の問題もあり,ヨウ化銀使用に当たっては注意が必要である.基本的には,ヨウ化銀の毒性に指摘がある限り,微少なりといえども大気中への放出は避けるべきである.

したがって,ヨウ化銀法は中国等の一部の国々で依然として実施

されているが,上述した氷晶成長が阻害される問題と環境問題(環境立国)から考え人工降雨事業への応用は不適であると判断される.

2.3 散水法

散水法は,雲頂の温度が氷点下の雲が存在し,その内部で直径が約 30 μm 以上の比較的大きい雲粒が不足している場合に適用可能であり,航空機で水を散布することで水滴間の衝突,併合を促進し,比較的大きな雨粒子・雨滴に成長させることを目的としている.図-2.3に実験方法を示す.

日本では,1960年代に実験を行っており,また最近,ブラジルでは,積雲あるいは積乱雲に散水して実験に成功したとの報告がある.そのブラジルでは,実際に散水法でバナナの成育に有効利用していると聞く(165頁参照).

本法については,暖候期を中心に,特に日本では,高温,干ばつ時における真夏の積雲,積乱雲発生時に実験等を実施する必要があり,後述の寒候期に適した液体炭酸法の推進とともに並行して実施することが望まれる.

本法の実験,応用面では,高湿の熱帯,亜熱帯地域や夏季に積乱雲の発生しやすい地域で有

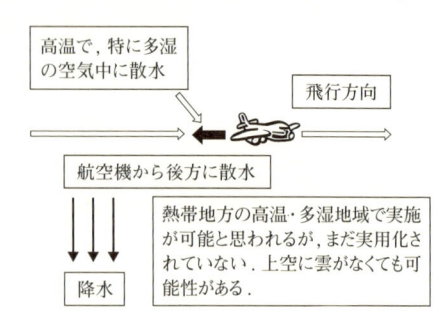

図-2.3 散水法による人工降雨の原理

2.3 散水法

効であると考えられるため,特に夏季に沖縄や九州での実験研究が必要であり,期待される方法ではあるが,明らかにデータ不足である.

また,沙漠での急激な積雲の発生時にも可能性はある.しかし,下層空気が特に乾燥している場合には空中で蒸発してしまい,地上に達しない現象も起こり得るが,今後の実験研究に期待したい方法ではある.

なお,本法は降水効率が低いとの指摘もあり,航空機で上空から多量に散水しなければ十分な水資源が得られない可能性もある.したがって,費用や運用の面および降水効率の面から十分な検討が必要である.

そして,本法は主に"暖かい雨"からの降水を目的とした人工降雨法であるが,上空の雄大な積雲や積乱雲内では,上空に氷晶があり,激しい上昇気流に起因して形成される雹や霰も発生することで,当然それらが融けて人工降雨となる"冷たい雨"の場合も推測される.

さて,ここで専門用語の冷たい雨が氷晶を経て降る雪や雨のことであるのに対し,暖かい雨は氷晶を経ないで降る雨のことである.このため,ヨウ化銀法,ドライアイス法,液体炭酸法が冷たい雨としての降水を期待,あるいは目的とした人工降雨法であるのに対し,散水法は繰り返しになるが,主として暖かい雨からの降水を期待した人工降雨法である.

一方,大量の水を空中に輸送する代わりに,ナトリウム塩,カルシウム塩,リチウム塩の凝結核に過塩素酸カリウム,マグネシウム粉末,有機結合剤等の燃料を加え,航空機に取り付けた燃焼装置で燃焼させ,その凝結核を放出する新しい方法が考案されている.

この方法は,散水法と同様に自然の凝結核よりも大きい人工の凝結核(巨大粒子)を散布して初期の雲粒の粒径分布範囲を拡大し,衝突・併合過程の促進を目的としている.

最近,タイ,南アフリカ等では,本法によって実験された増雨効果例があるが,そのメカニズムや効率面での問題点等の解決すべき課題が多い.しかしながら,これらの新しい人工降雨法に関しては,画期的な技術革新を目指して一層の研究を推進する必要があるとともに,かつ期待される人工降雨法であるとも考えられる.

なお,中国では,2008年8月8日の北京オリンピック開会式に逆に雨を降らせない目的で,事前に雨を人工的に降らせる手段が応用され話題になった.その開会式当日には幸い雨が降らなかったが,際どい綱渡り的な状況であったと聞く.これには,ヨウ化銀法および真水と塩水の散水法(閉会式に近いマラソン競技では,選手によると,塩辛い雨が降ったと聞く)が実施された.

2.4 液体炭酸法

液体炭酸による過冷雲底種まき法(液体炭酸法)は,アメリカ・ユタ大学福田矩彦教授の発案による方法で,最初,0℃以下の過冷却の霧を消散させるために適用された.ユタ州ソルトレークシティーで冬季にしばしば発生する霧に対し,車から液体炭酸を散布して,広範囲に霧を消散させることに成功した.この技術は,空港の滑走路上に存在する霧を晴らし,航空機の誘導を可能にする技術として実用化されている.1999年2月2日,この手法を適用した最初の人工降雨実

験が北部九州において西高東低の気圧配置の冬季積雲に対して実施され,後述するように顕著な効果が見られた.

本法では,まず過冷雲の底部近くの氷点下の気層に航空機で液体炭酸を水平直線状に散布する.その結果,液体炭酸の強い冷却効果(約 -90 ℃)により氷晶核を必要としない均質凝縮凍結ニュークリエーション現象(急冷によって発生した微水滴が凍結するプロセス)が起こり,氷晶が瞬時に発生し,その後の幾つかのフィードバック機構(雲物理過程と雲力学過程の相互作用)によって人工的に降水を起こさせる.本法は,雲底に液体炭酸を水平散布するロレプシン(LOLEPSHIN:Low Level Penetration Seeding of Homogeneous Ice Nucleant)法と名づけられており,次の2段階の効果促進過程からなる.

① レシット(RETHIT)[*1]効果:液体炭酸散布によって形成された氷晶群を含む空気塊は,その昇華熱で自己誘発された上昇気流によって緩やかに上昇し,その氷晶が雲頂に達するまでに落下可能な大きさに成長される氷晶成長過程.

② ファイラス(FILAS)[*2]効果:成長した氷晶を過冷却雲全体に拡散・成長させる氷晶拡散過程.

そのレシット効果によって雲頂に達した氷晶は,落下の過程で周囲の過冷却雲粒を取り込みながら成長する.その際,氷晶は潜熱を放出するため,周囲の空気を暖め,雲底から新たな雲粒の形成を促す.したがって,氷晶は新たに形成された雲粒を取り込みながら,さらに成長することができる.その氷晶,または融解時に氷晶が互いに接合

[*1] レシット(RETHIT):Role-up Expznsion of Twin Horizontal Ice Thermal.

[*2] ファイラス(FILAS):Falling Growth Induced Lateral Air.

して形成される雪粒子は，やがて雲底から外れ地上へと落下する．落下中の気温が0℃以上で高湿であると，氷晶は落下中に融解して雨滴，降雨となる．

以上のように，この方法はヨウ化銀法やドライアイス法と異なり，人工的に発生した氷晶を無駄にする割合は少なく，できるだけ過剰種まき状態を避けることを狙った方法と考えられる．すなわち，この利点は，水資源獲得上，大きな効果を発揮することができる．

なお，ヨウ化銀法のように燃焼させることがないので，車等で移動しながら地上からの散布も可能である．もちろん，ヨウ化銀法でも自動車に燃焼装置を積載すれば，散布する労力・時間は大差ないが，取扱いは本法が非常に簡単である．ただし，地上散布に当たっては氷点下時の実施が不可欠である．

さらに，炭酸ガスを液化した液体を利用しており，ドライアイスよ

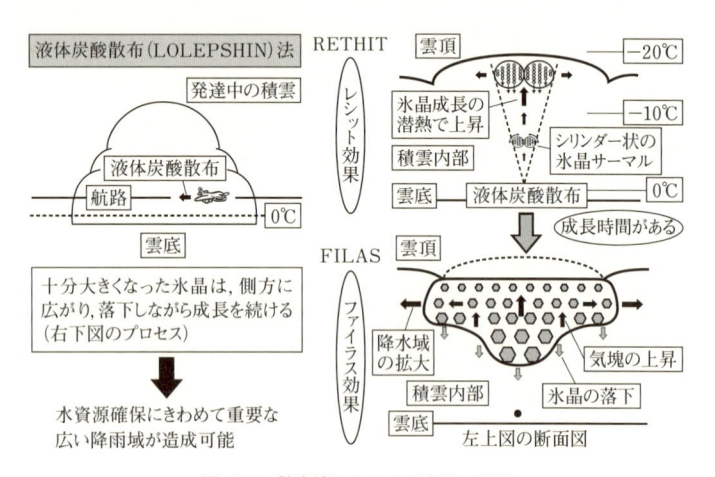

図-2.4 散水法による人工降雨の原理

りも製造にエネルギー,費用,時間ともに少なく,また,貯蔵に当たっても多くの場合,安全性から有利であると判断される.

液体で貯蔵中の高圧のボンベより直接,液体も過冷却の雲の中に散布し,急激な蒸発冷却によって氷晶を作る方法である.このため**図 - 2.4**に示すように,主要な散布方法は,航空機より雲底付近で水平方向に液体炭酸を散布する方法であり,特に氷点下の雲に散布することが重要である.したがって,氷点下の雲が下層まで下がってくる寒候期に適した方法である.

雲底に散布した液体炭酸は,前述のとおり瞬間的に気化するが,-90℃まで冷却されるため,1gの液体炭酸当り10兆個の氷晶が発生する.この氷晶を30分～1時間で降雪粒子まで成長させ,やがて降雪,降雨として地上に落下させる原理である.散布域の空気塊は,上昇気流で無限に上昇するわけではなく,最大限上昇しても成層圏の下層,すなわち対流圏界面付近である.一方,**3.9**でも述べるように雲頂の付近に安定気層(下層より上層の方が気温が高い空気層)が存在すれば,上昇中の空気塊が,その安定層の低層で上昇を抑えられ,水平に拡散する結果,成長も速く,かつ無駄になる氷晶核,雪粒も少なくなるため,有効である.

さて,発達した積雲や積乱雲内で液体炭酸を散布すると,液体状の雲粒が多くあるため,形成された氷晶は,雲粒の捕捉過程を経て霰,雹に成長する.ドライアイス法と同様,上昇気流のため氷晶は十分成長しないうちに雲頂に達し,カナトコ雲に取り込まれ,落下しないで消散する可能性が高い.したがって,積乱雲内では強過ぎる上昇気流をどのように避けて散布するか,また強い上昇気流内では雹も存在し,強風と雹からの航空機の安全性確保の課題では大型機を使用す

るなど,実用化には技術面のみならず運用面も十分検討する必要がある.

2.5 吸湿剤散布法

　本手法は,雲底から吸湿剤を散布して雲粒成長を促進し,降雨を活発化させる方法である.理論的には,空気中の水蒸気を強力な吸湿剤で吸着して地上に落下させることは可能であると推測される.しかし,本手法自体ほとんど実験されておらず,小規模に実験しても期待されるほどの水量確保の効果は得られていない.

　また,地上に落ちた吸湿剤に含まれる水分の分離法に難があり,たとえ沙漠で雨状に降らせたとしても,吸湿剤が水を強く吸着・保持していてしまい,簡単には植物が利用できない問題等がある.

　なお,吸湿剤には,紙オムツに使う高分子化合物質の類似品が使われる.そして,トウモロコシで作った吸湿剤であれば,使用後,生分解するので環境汚染は少ないとされるなど,今後の発展を期待したいところである.

3章

新しい液体炭酸人工降雨法の適用シナリオ

3.1 人工降雨とは

西山浩司, 脇水健次, 鈴木義則, 遠峰菊郎, 真木太一, 守田治

本章では, 液体炭酸法適用の一連のシナリオについて詳しく述べる. 最初に, 人工降雨とは本来どんな方法で何を目指したのか, 人工降雨ではどのような物理的プロセスを含むのか, 新しい人工降雨法である液体炭酸法はどのような特徴を持ち, 具体的にどのように適用されるのか, について述べる. 次に, どのような気象条件で, どのような雲を対象に実験するのか, また, どのような領域を対象にするのが適当なのかについて考察する. 最後に, 液体炭酸法によって得られる様々な人工降雨の特徴を紹介する.

まずは, 人工降雨とは何かという点について説明する必要があるだろう.

人工降雨を簡単に言えば, 人工的に雲を制御して水資源を地上にもたらすことを目指した技術である. しかし, 実際には, 何かの物質をまけば雨が降るというようなイメージが昔からある. 残念ながら, 晴れた時に雨を降らせることはできない. つまり, 雲がない人工降雨はできない.

雲があっても, 積乱雲のような厚い雲の制御は容易ではなく, とても手に負えない. 逆に薄すぎても人工降雨は難しい. したがって, 人工降雨を別の言葉で言い換えると, '自然では降水にはなりにくいが, 人工的な作用によって降りやすくする技術' ということになろう. つまり, '降りそうで降らない雲' を対象にしたものが人工降雨である. もちろん, 既に降っている雲を制御し, 降水の効率を上げる

こと(自然の雨量よりももっと多くも雨量を稼ぐこと)も人工降雨の課題である.しかし,自然に存在する雲がどのような特徴を持っていれば,どの程度の雨量がもたらされる,といった知見が得られていない.つまり,類似した特徴を持つ自然の雲でも,雨量が大きかったり,小さかったりで変動が大きすぎる.こうなると,自然の雲よりも何%の雨量が増加したという議論ができない.そのため,人工降雨を実施した時,自然の雲に対してどの程度の増雨効果があったのかを評価をすることが難しく,人工降雨の実用化の妨げになってきた.

現在では,数値シミュレーション,雲内の詳細な観測,レーダーや気象衛星等のリモートセンシング等の技術が発達し,少しずつ雲内の様子が明らかになってきたが,それでも人工降雨の実用化には多くの年月を必要とするだろう.そう考えると,人工降雨とは,'今すぐに実用化できる技術ではなく,数十年規模の中長期的な研究戦略で解決する技術'であると言える.

昨今,日本では,世界の競争力を高める必要性から短期的に解決しなければならない技術の解決に重きを置いている.しかし,今は役に立たなくても,将来の技術革新を目指すのであれば,人工降雨のような中長期的な研究戦略も忘れてはならない.

さて,科学としての人工降雨のイメージをわかりやすく説明する.前述したように,人工降雨は,何をまけば雨が降るとか,ミサイルを雲に撃ち込めば雨が降るといった非科学的なことではない.もちろん,そのことで雨が降るかもしれないが,研究予算の多寡にかかわらず,どんな形であれ,評価可能な項目をあらかじめ計画し,結果を少しでも評価できる研究体制にしなければ科学とは言えない.

具体的に見てみると,人工降雨法の基本として次の①〜⑪に記載

した事項を評価することが人工降雨の科学であり,いたって単純である.つまり,①どのような目的の下,②どの地域で,③どのような気象条件で発生する,④どのような雲の,⑤どの発達段階の,⑥どの位置に,⑦どのような方法で,⑧どのような物質を,⑨どの程度散布すると,⑩どのような反応が起こり,⑪どの程度の雨量が期待されるのか,という流れである.もちろん,これがすべて解決すれば,実用化ということだろう.しかしながら,全世界のこれまでの多くのプロジェクトを見ても,とてもそこまで到達していない.

筆者らのグループでも実用化にはとても至らないが,これらの項目の一部でも解決しようと研究活動を続けている.具体的に紹介すると,冬の水資源の確保を目的として,冬型の気象条件の下で発生する筋雲内の積雲(境界がくっきりした比較的若い積雲)を対象にして,液体炭酸を1秒間に5〜10gを雲の底付近に散布すると,レーダーでどのような反応が起こるのか調べている.この研究では,⑪で示した,どの程度の雨量が人工的に得られるかといった実用化に必要な項目は現段階では解決できないが,⑩の人工的な反応を見ることに着目している.それらの結果では,レーダー上の独特な形状とか,液体炭酸散布後に雲が急激に発達した様子とか,単独の降水域の出現等が示されている.この詳細については後で説明する.

最後に,これまで文章に何度も出てきた実用化のイメージをまとめておく.現実的に考えて,水資源の確保を目的に費用をこれだけの出したのに,効果が薄いとか,効果がわからないということでは,人工降雨の技術を使ってもらえない.当然ではあるが,人工降雨だけでなく,どんな水資源確保技術でも,これを解決するためには費用対効果を十分評価できていなければならない.現在,費用対効果を考慮し

た人工降雨の評価をすることはきわめて難しいが,将来的には実用化のためには避けて通れない事項である.そのことを考えると,費用に対して効果を最大限に生み出す努力が必要になろう.

人工降雨をもう少し専門に近づけた言葉では,上空に存在する,落ちてこない水分(直径10〜100μm程度の小さな雲粒で構成)を氷晶の成長を介して地上に落下させる技術であるので,落ちる水分の割合を高めていくことこそが人工降雨の究極の目標である.つまり,人工降雨技術を用いると,上空に浮いていた雲が降水となって地上に落下して雲が消えてしまうようなイメージである.全部消えれば100％の水分が落下したことになる.もちろん,ここまでの効率を得ることは無理ではあるが,高い効率を目指して努力することが人工降雨のチャレンジといっていいだろう.

3.2 人工降雨の原理

西山浩司

次に,人工降雨の原理[1),2)]について簡単に述べる.さて,雲がなければ人工降雨はできないことは述べた.では,雲が存在したとして,何を制御して人工的な降水に変えるのだろうか？ その疑問に答える前に,雲頂の温度が0℃以下で水滴だけからできている暖かい雲,0℃以上の温度で水滴と氷粒子(氷晶,霰(あられ),雹(ひょう)からなる冷たい雲について説明をする必要がある.なぜなら,どちらのタイプの雲を制御するのかで,やり方が全く異なるからである.

前者は,水滴と水滴との衝突,併合を促進して,水滴の成長を活発

にし, 降雨に繋げようとする方法である. 以前は, 散水法として水滴を雲に散布して降水を促進する方法が行われていたが, 降水を引き起こす効率が悪いため, 多量の水を飛行機に積んで実験しなければならなかった.

最近は, 凝結核の燃焼装置を飛行機に取りつけて, ナトリウム塩等の凝結核を燃焼, 放出することが可能になり, 大量の水を上空に運ぶ必要がなくなった. この方法が1997年に実施された南アフリカの実験で適用され, 顕著な効果が現れた[3]. その実験成果をきっかけとし, 近年多くの国や地域で適用されるようになった. 特に, 気温が高く, 0℃以下の冷たい雲が発生しにくい低緯度地域では有効な方法である. 低緯度帯は人口が多く, 農業用水・工業用水・生活用水等の水資源の需要もあり, 渇水時の対応も重要であるので, 実用化されれば効果は絶大であると考えられる.

しかし, 方法論に内在する不確定な要素や自然変動の激しさから, 現時点でも発展途上である. もちろん, 今すぐ実用化できるものでもない. したがって, 今後, 暖かい雲を制御する研究開発は, この分野では, 低緯度地域の水資源確保を狙った重要なミッションとして位置づけられる.

一方, 後者の冷たい雲に対する制御の基本は, 水滴を成長させることではなく, 氷の結晶(氷晶)を雲内に作り, 氷晶を成長させ, 最終的に雪(雪の落下途中で融ければ雨)にする方法である. その方法は, 既に述べた冷たい雨の原理を利用したものである. 模式的に見てみる(**図 - 3.1**). まず, 0℃以下の領域に雲が存在し, その内部には氷晶が少なく, 水滴(数十μm程度の雲粒:小さいため地上に落下することはない)からなる状態を考える. この状態は, 気温が高い(特に

3.2 人工降雨の原理

−10℃以上)ほど,降水の源となる氷晶が少なくなり,水滴も0℃以下で凍結せずに存在できるという条件に基づいている.

この条件では,氷晶からの降水は期待できず,水滴も小さく,自然では降水を引き起こしにくい.このような条件の雲は,冬季,西高東低の気圧配置の際に発生する積雲で起こりやすい.特に,低緯度側に位置し,朝鮮半島による季節風の遮蔽効果を受ける北部九州では,積雲の発達が弱くなって雲頂の温度が高くなり,この条件の雲が発生しやすい.さて,このような雲に対して,何らかの方法(ヨウ化銀法,ドライアイス法,液体炭酸法等)で人工的に氷晶を導入したとして,一体何が起こるだろう? 図-3.1, 3.2の冷たい雨の原理に基づいて説明する.

水滴からなる状態で氷晶が現れると,水滴表面から蒸発が起こり,水蒸気が放出される.その水蒸気は氷晶の表面に向かい,昇華(水蒸

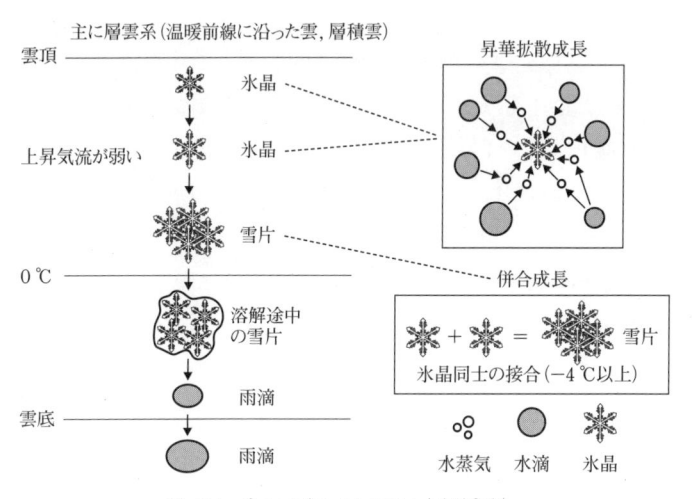

図-3.1 冷たい雨のメカニズム(雪形成型)

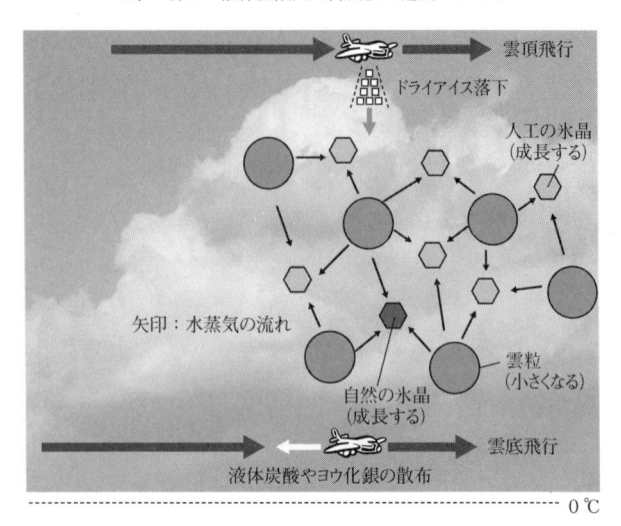

図-3.2 氷晶が少なく液体の雲水からなる雲への散布と人工氷晶の成長のメカニズム．ドライアイスは雲の上から散布，ヨウ化銀と液体炭酸は雲の下部に散布

気から氷への相変化)することになる．この状態が続くと，水滴の質量が減少して，いずれ消失し，ある程度成長した氷晶だけの状態になる．その際，十分な落下速度を持つ氷晶に成長していれば，降水となって地上に落下することになる．実際に雲を観察してみると，モクモクとした境界がはっきりした状態から半透明の境界が不明瞭な状態に変化することがわかるだろう．このことは，液体の雲水からなる雲が氷晶からなる雲へ変化したことを意味する．以上が人工降雨の基本である．この基本的な知見が20世紀半ば人工降雨研究の出発点となった．

人工降雨は雲物理学の学問分野の一つとして発達してきたが，その入門書の中では，必ず冷たい雨のメカニズム，つまり，0℃以下の過冷却の雲内に氷晶が存在することが基本であることが述べられて

いる.それに関連し,雲頂の温度が低温ほど自然の氷晶が多く形成され,冷たい雨のメカニズムが活発に働くことが述べられている.この点を逆に言えば,雲頂の温度が高いほど冷たい雨のメカニズムが働かなくなると解釈することができる.つまり,**図-3.3** に示すように,雲頂の温度が-15℃を境目として,それよりも高温であれば,自然状態で形成される氷晶の数が少なくなり,自然の降雪,降雨が弱くなる.別の見方をすれば,自然の降水では,自然の氷晶の成長に伴う降水発生の効率が悪くなり,多くの水滴が大気中に残ったままになること(水滴が水資源として無駄になること)を意味する.このような条件の雲が人工降雨に適した条件と考えられ,人工降雨の実施で考慮しなければならない出発点でもある.もちろん,高温でも氷晶の数が増殖するメカニズムもあって,雲の中は実に複雑である.さらに,自然の雲から見ると,雨,雪,霰,雹という降水形態で降ってくるため,氷晶が成長するだけで降水になっているわけではない.実は,氷

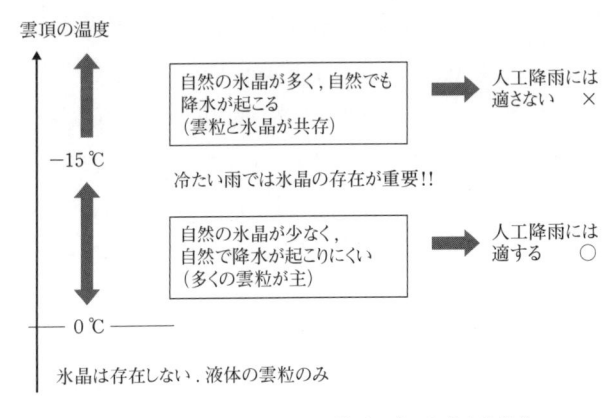

図-3.3 冷たい雨に対する人工降雨に適した基本的条件

粒子が介在した冷たい雨のメカニズムはきわめて複雑で,現在でもわかっていない点が多い.

雪の場合を見ると,あまり上昇気流が強くない時に,氷晶同士が接合して雪(ボタン雪が例)となる.一方,霰,雹の場合では,上昇気流が強く,積乱雲のように厚い雲から降ってくる.その場合,凍結した水滴や氷晶がある程度の大きさに達すると,それらが落下する過程で水滴と衝突併合することで成長し,霰へと変化する.上昇気流が非常に強いと密度も粒径も大きい雹へと成長する.したがって,自然の雲からの降水変動をどのように扱うかが人工降雨の研究を推進するための最も重要な点となる.

3.3 液体炭酸法

西山浩司,脇水健次,鈴木義則,遠峰菊郎,真木太一,守田治

ここでは,より理解を深めるため,既に述べてきた事項を重複して記述するきらいがあることをご了解願いたい.

液体炭酸法は,元来,0℃以下の霧(地上付近に漂う水滴)を消すために計画された方法[4]である.例えば,航空機の離発着を可能にするために滑走路から霧を消すことや盆地に溜まる放射霧を消すこと等が挙げられる.この方法を人工降雨にも適用しようとした試みが,1999年以降,九州大学,防衛大学校,アメリカ・ユタ大学との共同で始まり,現在までに様々な成果を出してきた.液体炭酸法は,ドライアイス法(固体の二酸化炭素の散布)と同様,0℃以下の冷たい雲を制御する方法で,雲領域で瞬時的な急冷を引き起こして氷の結晶(氷

晶)を多数作ることができる($1\,g$ の液体炭酸の散布で 10^{13} 個, つまり 10 兆個の氷晶の形成).前述したように,ドライアイス法は雲の頂上からドライアイスのかけらを落下させるのに対し,液体炭酸法は,雲底付近に液体炭酸を水平に散布する.

さて,液体炭酸を散布すると雲の中でどのような反応が起こり,最終的に降水に繋がるのだろうか? この点について,図-3.4 で説明する.どんな気象条件であれ,0℃以下の積雲が対象になる.実験用航空機が積雲の雲底付近を飛行し,液体炭酸を散布する.散布直後,液体炭酸の急激な蒸発が起こり,空気の温度が -90 ℃近くまで冷却され,氷晶が人工的に多数形成される.この人工氷晶群は,積雲の上昇気流の中で雲内にある小さな雲粒を蒸発させ,出てきた水蒸気を取り込みながら成長する.やがて,上昇気流に乗った人工氷晶群は

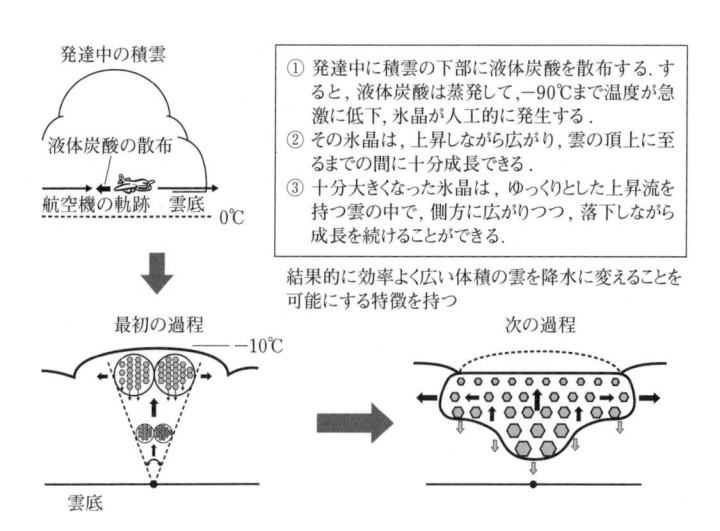

① 発達中に積雲の下部に液体炭酸を散布する.すると,液体炭酸は蒸発して,-90℃まで温度が急激に低下,氷晶が人工的に発生する.
② その氷晶は,上昇しながら広がり,雲の頂上に至るまでの間に十分成長できる.
③ 十分大きくなった氷晶は,ゆっくりとした上昇流を持つ雲の中で,側方に広がりつつ,落下しながら成長を続けることができる.

結果的に効率よく広い体積の雲を降水に変えることを可能にする特徴を持つ

図-3.4 液体炭酸散布後の期待される効果

雲頂に達する.その後,上層の安定層に阻まれて,人工氷晶群は上昇することができない.そのため,雲の両側に広がり,弱い上昇気流の存在する(積雲の中心から離れた)領域に移動する.最初のうちは質量が小さく,落下はゆっくりであるが,成長してくると,重くなり落下が顕著になる.一方で,氷晶の成長の際に潜熱を放出するため,氷晶周辺の空気は温かくなり,弱いながらも上昇気流が発生し,空気全体が持ち上がり,さらに多くの雲粒が形成されることになる.その新しくできた雲粒を消費しながらさらに成長を続ける.0℃近くまで落下してくると,氷晶同士が集まって,ボタン雪が形成される.0℃の高度を横切ると,降雪として観測され,地上の気温が高ければ,霙,雨に変化することになる(湿度が低いと気温が＋3℃でも雪になることがある).これが液体炭酸法による人工降雨または人工降雪のシナリオである.

　もちろん,積雲の規模が大きい場合は,人工の効果よりも自然の効果の方が上回り,上記のようなシナリオどおりにはいかないだろう.ましてや,積乱雲のような現象の激しい雲であれば,ほとんど人工の効果が働かないと考えられる.つまり,液体炭酸をまいても上昇気流が強すぎて,氷晶は10分程度で圏界面(対流圏と成層圏の境)に達してしまい,決して地上には落下することはない.無論,何もしなくても多量の雨をもたらすような雲は人工降雨の対象にはならない.したがって,自然のシステムだけではどうにも雨を降らせることができない雲が人工降雨の対象になるということは言うまでもない.

　以上述べてきた液体炭酸法について,筆者らは効率よく上空の水分を地上に降水としてもたらす方法と考えている.しかし,まだまだわからない点が多く,知見を得るたびに絶えず修正していくことに

なるだろう.また,ヨウ化銀法やドライアイス法等の方法も全世界で盛んに行われていること考慮すると,どの方法がどの程度の効率の良さを持つのかについて十分な研究が必要となるだろう.実用化を視野に入れる場合には,この点を十分考察しなければならない.

3.4 人工降雨実験とはどんな実験

西山浩司,脇水健次,遠峰菊郎

実験のためのファンドが得られれば,すぐに実験ができるわけではない.まずは,どの時期のどのような気象条件の下で,どのような雲に対して実験を実施し,どの領域に人工降雨をもたらすかといった点を決めなくてはならない.さらに,その情報を基に実験に協力してもらう航空会社と交渉する必要がある.

筆者らは冬の西高東低の気圧配置の際に実験を実施することが多いので,この時期の実験方法について述べる.まず,実験領域の設定であるが,多くの航空機が行き交う空を自由に飛び回るわけにはいかないので,航空会社と綿密に打ち合わせなければならない.これまで厄介だったのが米軍や自衛隊の訓練空域を含む場合であった.米軍の訓練領域が実験希望領域と重なる場合は最初から諦め,自衛隊の訓練空域内の使用に絞って調整を行ったことがある.これは,実験の依頼相手である山口県の働きかけがあって初めて実現できた.もちろん,研究だけの場合での交渉は難しいらしい.結局,山口県北部は自衛隊の訓練空域であるので,土曜日と日曜日に限り実験できることになった.平日の場合は,自衛隊が昼休みを取る11～13時に

使用可能とのことだったので,気象条件だけで実験を実施することは不可能であった.他にも,民間航空機のトラフィック(航路交通量)が多い領域では飛行の許可が下りない可能性が高い.このように実験領域を決めるところからいろんな制限と向き合わなければならない.

さて,様々な手続きが終わった後,実験が近づいてきた時,どのように行動するか紹介する.簡単に言えば,実験直前まで天気図とのお付合いである.天気図といっても,テレビ等で出てくる地上天気図だけではなく,何種類もの上空の天気図も使って実施日を検討する.冬型の気圧配置での実験実施を計画している場合には,お馴染みの'西高東低の気圧配置'になるかどうかということが出発点である.

その際には,等圧線の幅が狭いのか広いのか,季節風の強さはどの程度か,風向きがどうか,上空の寒気の入り方はどうか等の様々な点を考慮する.例えば,寒気の入り方を見ると,上空約1,500 mに-6℃以下の寒気が入ってくるか,さらに上空の約5,500 mで強烈な寒気(例えば,-33℃以下)が入ってくるかどうか等を見る.あまりにも強力な寒気が入ってきた場合には雲が発達して冬季の雷を引き起こす可能性があり,航空機運用上非常に危険である.それだけでなく,人工降雨をしなくても自然の状態で雪が降ってしまう.こんな条件は除かなくてはならない.また,季節風の強さで見ると,それが強ければ日本海や玄界灘上に雪雲を発達させる可能性が高いが,強すぎると飛行機の離発着にも影響する.このような安全性を考慮しつつ,適度な寒気の流入で,適度な厚さの雲が存在する状況を判定しなくてはならない.さらに難しいことに,気象の予想が絶えず変化するため,その変化に柔軟に対応しなければならない.'明日は実験実施

3.4 人工降雨実験とはどんな実験

に最適だ'と判断しても,当日になると予想がかなり違っていたということもしばしばである.

実験は日中しかできないので,夜間にいい条件が到来し,朝になると上空に煎餅のような薄い雲しかない場合もあった.結局,実験実施日を1日前までに決めて空港近くのホテルに待機し,天気図と睨めっこしながら過ごし,朝一番で空港に向かって,実際の雲の発生状況を確認する.それでOKならば,やっと実験開始である.ここまでに実験全体の90％の労力を要すると言っていいだろう.そのため,実験中止になってしまったら,どっと疲れが出てしまう.しかし,自然相手である以上,これは仕方ないことだろう.そうなった場合,さっさと忘れて次のことを考えるくらいがちょうどいい.

実際,実験ではどんなことをしているのか紹介する.大きな飛行機をチャーターし,大きな観測機材を載せて観測する態勢と想定したいところであるが,実際には5人乗りの双発機を使って実験している.飛行機の揺れに耐えながら頭をフル回転させて作業をするので,非常に気分が悪くなる状況と闘わなければならない.機内では,GPS(全地球測位システム)機器を設置して飛行機の軌跡を自動計測している.GPS機器といっても山歩きやウォーキングに適した装置で持ち歩き用である.それを機内にガムテープで貼りつけて位置をリアルタイムに観測し,ノートパソコンに表示するようにしている.この作業は,どの位置に液体炭酸を散布して,その後の雲の動きを追跡するための重要なプロセスである.その作業は自動であるが,液体炭酸を雲に散布する作業やその時刻計測,写真やビデオの撮影等はその場,その場で判断しながら実施する.

機内の作業で一番大事な点はどの雲に散布するのか素早く決め

て,散布の作業に速やかに移ることである.雲は時々刻々変化しているので,ぼやぼやしていると散布の機会を逸してしまう.散布が終わると,雲がどのような変化をするのかを雲を周回しながら20分程度追跡する.その間に写真やビデオを撮って雲の形の変化を捉える.時折,雲の頂上(雲頂という)の高度を測定して雲の発達具合を調べる.散布後に周辺の雲よりも雲頂が高くなることが人工降雨の過去の研究で明らかになっているので,この点に着目して観察する.これら以外にも,雲中観測(雲や雪の観測)も必要であるが,できない.これには飛行機を改造し,多くの機器を取りつけなければならず,しかも,あまりにも高額で容易なことではない.世界中には雲中観測をしている大きなプロジェクトがあるが,筆者らのような小さいプロジェクトでは予算が不足してそこまでの研究はできていない.したがって,その点は数値シミュレーション等の別の研究手段で補う必要がある.とにかく研究で工夫に工夫を重ねなければならない.

さて,これまで機内作業の話をしてきたが,もう一つ忘れてはならないのが地上での作業である.自前の観測装置を持たない筆者らのグループでは,インターネット上でリアルタイムに公開されている気象庁の観測ネットワークや国土交通省,自治体の雨量計のネットワークからデータや画像を取得する作業を行っている.他力本願かもしれないが,世界に類を見ないほどの密な気象庁観測網や国土交通省,自治体の雨量計網を利用しない手はない.大いに利用している.

観測データが不足している地域や他国では自前で観測システムを構築してから実験を実施しなければならないことを考えると,ある意味,日本で行う実験は恵まれていると思う.この地上の作業はきわ

めて重要である．飛行機が戻ってきた後にのんびりと作業することが許されない．なぜなら，時間が経つと気象レーダーや気象衛星の画像がホームページ（気象庁や気象関連サイト）から消えていくからである．中でも，気象レーダーの画像の更新は速い．3時間前の画像はなくなっている．だから，実験から戻ってレーダー画像を取得しようとすると手遅れになる．結局，実験を実施している最中に同時に地上ではレーダー画像をコピーしなければならない．これを怠ると，データを購入することができるようになるまで半年から1年後まで待たなければならず，筆者らの研究にとって致命的になる．もちろん，データが自動的に入手でき，いつでもどこでも閲覧可能な恵まれた研究環境であれば，特にこのようのことで苦労することはない．

以上のように，人工降雨実験の一連のプロセスにはいろいろな作業があり，本当に面倒である．お金が足りない分，相当の工夫もしなければならない．しかも，自然が相手で，しょっちゅう，自然に振り回されている．しかし，たまにびっくりするような結果が出てくるので喜びが勝り，止められなくなってしまった．結局，ずっと付き合っていくことになる．

3.5　大気中の水資源

西山浩司

人工降雨実験の一連の手続きがわかったところで，水資源として地上に落とす水分をどこから持ってくるかについて考えなくてはならない．その水分は，もちろん大気中に存在する水分，つまり水蒸気

のことである.大気が乾燥した状態では人工降雨は不可能である.大気中に豊富な水分が運ばれてくるための気象条件は,6月から9月では台風や停滞前線(梅雨前線,秋雨前線),春や秋では温帯低気圧(温暖前線,寒冷前線),冬季では温帯低気圧とともに西高東低の気圧配置である.しかし,台風,梅雨前線,温帯低気圧の場合,豊富な水蒸気が運ばれてくるため,その周辺ではあちこちで雨雲が発生し,人工降雨を実施しなくても水資源は得られる可能性が高い.敢えて言えば,大気中に浮かんでいる雲からの降水をさらに効率よく降らせる人工降雨手法をどうやって開発するかということになる.残念ながら,そのような技術は未だに開発されていない.

　一方,冬季の西高東低の気圧配置では,日本海上に無数の積雲が発生する.上空に強い寒気が流入するような気象条件や気温が低い北陸から東北地方の日本海側では豪雪になることがあるが,寒気が弱いと,雲が薄くなって自然の降雪が弱くなる.しかし,雲が薄いからといって日本海側の地方に存在する無数の積雲の内部に存在する水分を合計すれば,大量の水資源になることは言うまでもない.そのような,降りそうで降らない可能性がある雲は,人工降雨の対象として最適ではないかと考えられる.そこで,冬季,日本海側に雪をもたらす西高東低の気圧配置について考えてみる.

　西高東低気圧配置は次のように形成される.冬季のシベリア大陸では,放射冷却による寒気の蓄積で背の低い寒冷な高気圧(シベリア高気圧)が形成される.一方,上空5,500 mの高度で確認できる気圧の谷が発達(偏西風の南側への大きな蛇行)し,その東側に位置する低気圧が発達,東進する.その低気圧が千島列島の東の海域に達する頃には台風並に発達することもある.その影響で東西の気圧差が大

3.5 大気中の水資源

きくなり，等圧線の込んだ天気図となる．

次に，どのように雪雲ができるのか説明する[5]．西高東低の気圧配置になると，大陸上で蓄積されていた乾燥寒冷な空気が動き出し，大陸起源の季節風（通常の風向きは北西）が日本海を強く吹き抜ける．この乾燥寒冷な季節風が日本海を流れる暖かい対馬海流上に吹きつける．その海流の影響を受けると，大気中に大量の熱と水蒸気が供給され，不安定な成層状態になる．ちなみに，大気が不安定になる基本的な条件は，大気下層で暖かく湿っていることである．この時，上空に寒気が入ると，一層不安定度が増加する．このような条件では，雪を伴った雲ができやすくなる．この点をもう少し詳しく見ると，**図-3.5**のように，季節風が日本列島に近くなるほど雲が厚くなり，季節風が日本海側の地方に到達する頃には雪が降るようになることがわかる．特に，福井県から新潟にかけての北陸地方では，季節風が大陸沿岸から日本海上を通り抜ける距離（吹走距離）が長くなるた

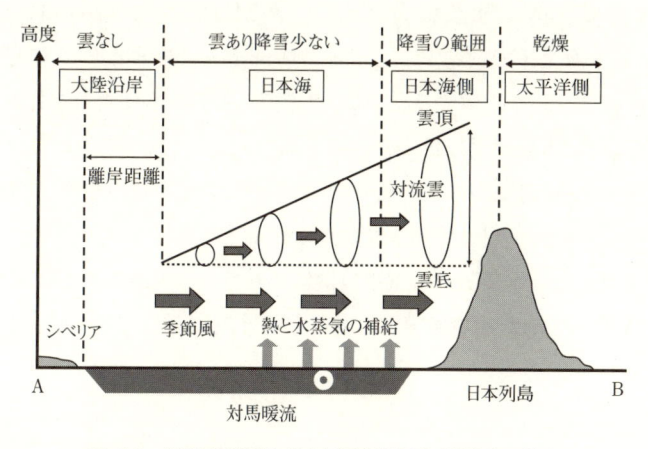

図-3.5 冬型気圧配置に伴う気団変質と雲が発達する様子

め,熱と水蒸気の大気中への供給が長時間継続し,大気の不安定度が増加して雲が厚くなり,降雪量が増加する.

また,日本海の上層(5,000 m 以上)に強い寒気が流入する場合には,雲が雷を伴うほどに強く発達して豪雪をもたらす.実際,そのような冬季の降雪の影響で,この地方の年降水量が 3,000 mm を超える地域がある.梅雨前線や台風に起因する豪雨に伴った降水量の方が多いイメージがあるが,日本海側では,冬季の西高東低の気圧配置に伴う降水量が大きな割合を占める.

以上のように,暖かい対馬暖流と乾燥寒冷な季節風が互いに影響を及ぼし合って,海面から大気中に水蒸気が運ばれている.この大量の水蒸気が原料となって雲を作り出し,日本海側の雪の起源,つまり,冬季水資源(春先の水資源としても重要)となっている.その意味で冬季,水資源に対する対馬暖流の役割はきわめて大きい.簡単に言えば,対馬暖流の海面で蒸発した水蒸気が冬季水資源の源ということになる.試算によれば,海面からの蒸発量は平年で 8 mm/日となり,日本海全体で試算すると 1 日当り 56 億 t に達する[6].この量がどの程度なのか理解するために,日本の 1 年間の水使用量と比較してみよう.水使用量は日本全体で年間約 830 億 t (2007 年の実績)[7]なので,日本海上の 1 日の蒸発量は,年間の水使用量の 6.7 % に相当する.数字だけ見れば,6.7 % は少ないように見えるが,たった 1 日でそれだけの水蒸気が大気中に供給されていることを考えれば,この時期の降雪は,水資源獲得の戦略上,きわめて重要であることがわかる.

3.6 人工降雨の実施に適した雲と気象条件とは

西山浩司

　人工降雨と言えば,晴れた領域から雨を降らせることを可能にする方法であると考える人は多いであろう.しかし,実際にはそんなことは不可能である.では,どんな条件なら人工降雨が可能なのか探ってみる.ここまで述べきたように人工降雨は,0℃以下の領域に存在する冷たい雲を対象にするのか,0℃以上の温かい雲を対象にするのかで方法が異なる.後者の方法は水滴の成長を促進する方法であるが,不確定な部分が多く,方法論的に研究途上にあり,今後の発展が望まれる.したがって,現段階では,前者の対象にした方法,つまり,人工的に多数の氷晶を作り,降水粒子に成長させる人工降雨法が最も実用化に近いと考えられる.そこで,0℃以下の領域に存在する雲を対象にして,人工降雨に適した条件を考えてみる.

　まず単純に,積乱雲ではどうだろう？と考えてみる.積乱雲は何もしなくても豪雨になることが多いので,これ以上雨量を増やす必要はない.むしろ,抑制することが望まれる.しかし,実際には,雨量を増やすとしても,抑制するにしても効果が出にくいと考えられる.その理由は,ヨウ化銀や液体炭酸等を散布しても,既に強い上昇気流のため,氷晶ができても,あっという間に積乱雲の雲頂に到達してしまう.氷晶が成長する時間を稼げないため,氷晶は小さいままで,そのほとんどは落下することはない.そうなると,人工的に生成した氷晶は,積乱雲の雲頂付近から流れ出る巻雲の中に入るだけであろう.積乱雲を制御する難しさがここにある.積乱雲の制御に関しては研究

する余地は残されているが,現在の人工降雨技術では対応が難しい.また,上昇気流が強いことから,航空機で積乱雲に接近することは危険を伴うため,無人飛行機やロケット技術等の別の手段が必要になる.

次に,少し視点を変えて季節で考えてみる.気温が高い季節では0℃層の高度が高く,夏には4〜5 kmを超えないと0℃以下にならない.そのような雲は上昇気流が大きい積乱雲である.発達が弱い雲は0℃以下の高度に達することはなく,水滴だけの雲になる.実は,夏季には,0℃層がある高度4〜5 kmを超えて発達する雲の割合が低く,多くが水滴だけの雲となる.したがって,気温が高い季節は,氷晶の成長を促す人工降雨は適さないことがわかる.一方,気温が低い季節には,0℃以下の層を含む雲の発生割合が高くなり,人工降雨を実施する機会が増えることになる.特に,地上気温が10℃を下回ってくると,0℃層が高度1 km近くまで下がってくるため,雲内の多くの領域で0℃以下になる.そうなると,人工的に生成した氷晶は,0℃以下の環境の中で十分な成長が可能となる.そのため,気温が低い冬季の方が夏季よりも人工降雨に適した環境が揃うことになる.

先に述べたように,冬季の気圧配置は水資源を確保する重要な気象条件の一つであるので,冬季に人工降雨を実施する意義は大きいと考えられる.もちろん,冬季だけでなく,春季,秋季も考慮して,人工降雨の技術を幅広く適用することが望ましい.しかし,雲が厚くなればなるほど,雲内の降水粒子成長の特徴が複雑になるので,まずは,比較的簡単な構造を持つ冬季の薄い雲を対象にして,人工降雨に関する知見を蓄積していくことがベターな選択であろう.したがっ

て，冬季の人工降雨の研究を推進することは将来の実用化のための出発点となる．このステップがあって，春季，秋季，さらには夏季への応用が可能になるものと考えられる．

それでは，冬季の気象条件や雲の特徴を具体的に見てみる．冬季の降水には，

① 基本的に低気圧や前線(付随する温暖前線,寒冷前線)の通過に伴った降水,

② 低気圧通過後に形成される西高東低の気圧配置に伴って発生する降水,

の2種類がある．①の雲は，前線や低気圧周辺で厚く，特に寒冷前線に沿って雷を伴った積乱雲が発生する．一方，②の雲は，強い寒気の領域を除き，高度2〜3kmに存在する強い逆転層の影響で雲の発達が抑制され，広範囲に雲の厚さが1〜2kmになる．このような雲は薄いので，自然でも降水を引き起こしにくいイメージがあるが，冬季には0℃以下の雲領域が多いため，氷晶成長過程を通して降雪をもたらすことが多い．実は，これが西高東低の気圧配置時の典型的な降雪形態である．その特徴を気象衛星可視画像(図-3.6)で見ると，多くの筋状の雲が日本海，黄海，太平洋側に現れていることがわかる．これは，乾燥寒冷な季節風が日本海や黄海を吹き抜ける際に熱と水蒸気が供給されて形成される．筋雲の内部を細かく見てみると，多くの積雲(小さな対流性の雲，これが大きく延長方向に発達すると積乱雲の形態になる)によって構成されている．

以上のような冬季の気象条件と雲の特徴を踏まえて，どのような雲を人工降雨のターゲットにするのがいいのか考察する．まず，低気圧や前線領域を考えてみると，その領域では，雷を伴った積乱雲を含

図 - 3.6 冬型気圧配置に伴う筋状雲の様子.黄海,日本海,太平洋で広く分布.
2008 年 12 月 26 日 12 時　可視画像　MTSAT JMA

んでいること(航空機の安全)や自然の降水が十分期待できることを考慮すれば,そこで発生する雲は人工降雨に適さないことがわかる.

次に,西高東低の気圧配置を考えてみると,雲の厚さが 1 ～ 2 km と薄いため,雲内の構造が比較的簡単で人工降雨の計画を立案しやすいこと,上昇気流が弱く,雷を含んでいないので,航空機の安全を保証できること,冬季の水資源として重要な役割を果たしていることを考慮すれば,この時に発生する筋雲内の積雲(厚さ 1 ～ 2 km)は人工降雨のターゲットに適していることがわかる.

厚さ 1 ～ 2 km の積雲を人工降雨のターゲットに定めたとして,その発生のタイミングを見極めなければならない.西高東低の気圧配置時に発生する積雲がすべて 1 ～ 2 km の厚さの雲とは限らないので,その他の雲形態についても理解しておく必要がある.例えば,上空に寒気が入っている状況(例えば,− 33 ℃:大雪の目安.上空の寒冷低気圧の存在)では,逆転層が解消されて背の高い積乱雲が発生

する可能性がある.この場合,雷を伴っている可能性があり,航空機を使ったオペレーションは危険である.

また,豪雪をもたらす可能性もあるので,人工降雨を実施する意味はない.逆に,西高東低の気圧配置でも,等圧線の間隔が広くなる段階(大陸から移動性高気圧が張り出してくる状況)では,季節風が弱まり,大気中への熱と水蒸気の供給も弱まる.しかも逆転層も強くなる.このような状況では,積雲は時間とともに徐々に薄くなり(例えば,厚さ200〜300m程度),煎餅のような平べったい雲になってしまうことがある.これでは,自然だけでなく人工でも降水を引き起こすことはできなくなるので,人工降雨を実施する意味はない.

したがって,冬季の人工降雨実施に際しては,西高東低の気圧配置が予想されれば,観測データ(気象衛星,レーダー等)や気象予報結果等の各種気象資料を参考にし,積雲の厚さが1〜2kmになるようなタイミングを見極めなければならない.または,そのような雲が形成される気象条件についての十分な研究が必要である.また,ターゲットになる雲を選ぶ際には,その厚さだけでなく,気温も考慮しなければならない.これは,気温が低いほど氷晶が多く生成されて,降水機構が活発に働くからである.そのため,同じ厚さの雲でも,高緯度側の地方(例えば,北陸から東北地方西部の日本海側)では,気温が低くなり,自然の状態でも降水が盛んになる.逆に,低緯度側の北部九州,山口県北部では,高緯度側に比べると気温が高くなり,降水が弱くなる.

3.7 実際の人工降雨実験でターゲットにする雲とは

西山浩司

　現在,人工降雨は研究段階で,実用化の段階ではない.そのため,実験を多く実施し,知見を蓄積して,人工降雨の効果について評価しなければならない.その際,厚さが1〜2 kmの積雲は人工降雨に適した雲であっても,すべてが人工降雨の効果の評価に適した雲とは限らない.ここで言う具体的な評価とは,人工降雨を実施した結果,どの程度の増雨効果があったのかという評価である.その点について,積雲の厚さに着目して見てみる.

　積雲が厚くなると,雲内では上部ほど気温が低くなり氷晶成長が盛んで,霰（あられ）成長,雪片成長（氷晶同士の接合：ボタン雪の形成）も盛んになる.そのため,そのような積雲では自然の状態で降雪を引き起こす割合が多くなり,人工降雨実験を実施しても,降水域（気象レーダーで見ることができる）が自然由来なのか人工由来なのか判断できない.それを判断するには,観測計器を搭載した航空機を人工の雲（ヨウ化銀,ドライアイス,液体炭酸等を散布した雲）に突入させて,氷晶濃度,氷晶形等のデータを取得しなければならない.もちろん,比較のために,自然の雲のデータも取得しなければならない.従来の研究では,航空機観測で得られた知見が数多くあり,雲物理の知識の向上につながったことは間違いない.しかし,実際に航空機観測を実施しようとすると,単年度で億単位の費用がかかり,簡単には実施できず,それ以上に,「自然でどの程度の降水があり,人工的な作用を施すとどの程度降水が増加するか」といった評価をすることがきわ

めて難しいのが現状である．

　一方，積雲が薄くなると，雲内の気温が高くなり，氷晶の成長が不活性になる．この場合は，自然の雲からの降水域の割合が減少するか，あるいはなくなる．このような場合，既に降水をもたらしている積雲を対象にする必要がなく，広い範囲にわたって分布する非降水雲を対象にして人工降雨を実施すれば，自然の非降水雲と人工的に制御した雲を比較することにより人工の効果を気象レーダー上で明瞭に確認することができる．しかし，積雲の厚さが薄い場合でも，高緯度側では自然の降水が盛んになると考えられるので，一概には，雲が薄いか，厚いかだけでは人工降雨の評価が可能になるかどうかを判断することはできない．したがって，気温も十分に考慮して人工降雨の計画を立案する必要がある．

3.8　北部九州は人工降雨の評価に適した実験場

西山浩司

　筆者らは，北部九州を中心とした低緯度の日本海側で実験を実施してきた．北部九州は，後述するように西高東低の気圧配置になっても降水が起こりにくいため，人工降雨には適した領域ではないと考えていた．当然，北陸，山陰のように雪雲が多く出ている領域の方が人工降雨に適した領域であると考えていた．しかし，人工降雨に適していた領域でも，人工降雨の評価に適した領域であるとは限らない．そのような視点から見ると，実は，北部九州は人工降雨の評価に適した最高の実験領域であることがわかった．なぜ，北部九州が最高の実

験領域なのか説明する.

　まず,雪の多い北陸地方を考えてみる.この地方は,北西の季節風が日本海上を通って北陸に至るまでの吹送距離が長いため熱と水蒸気の供給が盛んで,発生した積雲は十分に発達することができる.また,上空の寒気の流入も盛んで,雲がさらに厚くなり豪雪になることもある.その他の要因もあるが,基本的に雪を伴った積雲が多く発生することになる.

　以前,海上自衛隊の航空機を利用して福井県沖で実験を実施した.実験の際に見た雲の多くは,2 km 程度の厚さがあり,雲の輪郭が明瞭な積雲であった.これは,雲内に多くの水滴を含む積雲で人工降雨には最適な雲であることは明らかであった.しかも,気温が低く,自然の降水も十分期待できるものであった.実験後,気象レーダーで降水域を確認したが,当然,自然由来か,人工由来かわからなかった.つまり,何もしなくても自然の降水域ができた可能性が高く,それ以上の解析ができなかった.このように自然の雲で降水が盛んな状況では,仮に人工的な効果が起こっていたとしても,それを判断する手段がない.仮に航空機を使って雲内を観測できても,増雨効果を評価する手段がない.つまり,実用化への発展途上段階では,評価することができなければ,一歩も研究が進まない.もちろん,北陸も人工降雨によって多くの降水をもたらす可能性のある有望な領域であるが,人工降雨の評価に適した領域とは言えない.

　一方,筆者らが実験領域にしている北部九州を見てみる.北部九州は,西高東低の気圧配置でも降水が起こりにくい特徴を持った領域である.その理由は朝鮮半島にある.まず,黄海上を吹き抜ける北西の季節風が朝鮮半島で上陸して降水をもたらすが,朝鮮半島の陸上

3.8 北部九州は人工降雨の評価に適した実験場

では熱と水蒸気の供給が断たれる．その季節風は玄界灘上を北部九州へ向けて吹くことになるが，朝鮮半島から北部九州までの距離は短く，熱と水蒸気の供給が十分でなく，結果的に雲の厚さが薄くなってしまう．さらに，北部九州は低緯度側に位置するため気温が高く，自然の状態では氷晶の数が少なく，その成長も不活性である．

その結果，北部九州の降水は，西高東低の気圧配置になっても，自然の状態では降水が起こりにくくなる．この状態では実験するのも嫌になるが，よく考えたところ，自然には降りにくいが，人工的には降らせることができるのはないか，という発想に至った．

そのように考えた最初の実験が，2006年2月4日の実験である．予想したとおり，実際の気象衛星の画像 (**図 - 3.7**) で見ると，玄界灘上には雲がなく，北部九州沿岸に雲が存在するのみであった．その雲も薄く，自然では降水を引き起こしにくい条件であった．この状態こそが人工降雨の評価に適した条件であると考えられる．実際，この日，福岡市の北西側の玄界灘上の雲を対象に人工降雨実験を実施し，

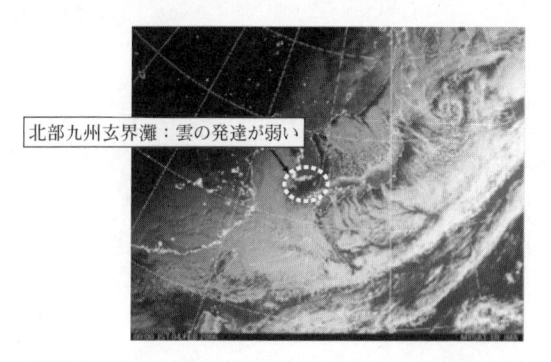

図 - 3.7 朝鮮半島による季節風の遮断効果により北部九州玄界灘領域で雲の発達が弱い状態．この状態で人工降雨実験を実施して，人工降水域を作ることに成功している． 2006年2月4日9時 可視画像 MTSAT JMA

全く降水域のない領域から突然,降水域が現れてきた.これこそ,自然では降水を引き起こす能力がない雲から人工的に降水を引き起こすことができた証拠である.その後も,2008年1月17日の実験で同様の結果が得られている.

以上のことから,北部九州は,自然では降りにくいが,人工的には降らせることができる実験領域であり,それ故,人工降雨の評価に適した領域でもあると考えるようになった.ただし,北部九州は西高東低が長続きしない領域でもあり,適度な厚さの雲でも,いつのまにか煎餅のような雲に変化し,とても実験ができる状況でないこともある.時には快晴の時すらある.その意味では,絶えず気象資料を眺め,適度な厚さの雲が出てくるタイミングの逃さないようにしなければならない.ある意味,根気を要する実験領域である.

3.9 液体炭酸法を適用した初めての人工降雨実験

西山浩司,脇水健次,鈴木義則

次に液体炭酸を用いた最初の人工降雨実験[8]について述べる.その際,独特な形状をしたレーダーエコー(降雨域)が形成されたので,これについても説明する.当時,液体炭酸法を考案した共同研究者のユタ大学の福田矩彦教授(故人)とともに実験に参加した.この実験は,北部九州の玄界灘領域(壱岐上空)において冬型の気圧配置で発生する雲を狙って,人工降雨実験を実施することを目的とした.壱岐上空で散布し,雲内の氷晶を多く作って十分成長させた後,北部九州の陸域に人工の降水をもたらすという計画であった.しかし,冬型と

3.9 液体炭酸法を適用した初めての人工降雨実験

言っても,どのような状況になったら航空機を飛ばし,どのような段取りで実験を行うかについて,当時にははっきりとした基準がなかった.それでも,上空に雪雲らしき雲が現れたら実験を行うという方針で臨んだ.なかなか人工降雨に適していると思われる気象条件や十分な厚さのある雲が出てこず苦労したが,その好機は1999年2月2日に到来した.この日は朝から強力な西高東低の冬型気圧配置になり,雪雲が全天に多く確認できる状況であった.

実験は旧北九州空港を拠点として,小型双発セスナ機を利用した.この飛行機に液体炭酸ボンベを装着し,そこから翼に配線した管の先端に1秒間6gの液体炭酸を噴射できるノズルを取りつけた.一方,液体炭酸の散布によって形成された人工エコー(人工降水域)の観測および解析には九州大学レーダーを利用した.

この日の午前中,気象衛星の画像を見る限りでは,日本海上に筋雲が数多く確認されたが,対馬海峡,玄界灘には筋雲の存在を確認できなかった.しかし,実際に雲を眺めてみると,雪雲が点在していることが伺え,実験の条件としては整っていることが確信できた.正午頃,九州の北西海上の積雲群が玄界灘に達しつつあることを確認し,北九州空港上空でも徐々に積雲の数も厚みも増加している状況が確認できたため,実験実施を決定し,14時50分に飛行機は離陸して壱岐上空へ向かった.離陸後,実験空域までの雲の様子を観察すると,寒気の吹出し時に発生する積雲が広範囲に分布していることが確認できた.そして,実験空域では成長段階の若い積雲が数個存在することを確認したので,15時30分から16時にかけての30分間,液体炭酸の散布を積雲底部の−4℃の雲層に対して3回行った(図 - 3.8).そのうち2,3回目の散布(散布B,C)に対して人工の降水

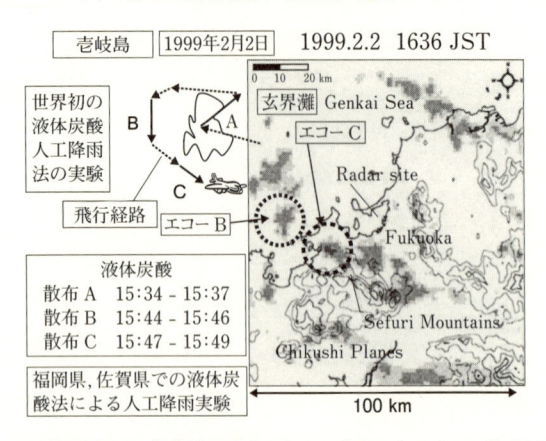

図-3.8 1999年2月2日,散布後に形成されたと考えられる人工の降水域.3回(A,B,C)の散布でBとCの降水域を確認(冬型気圧配置)

エコーB,Cの発生が確認された(**図-3.8**).

この2つのエコーB,Cの断面を切って鉛直分布を調べてみると,2つのエコーに共通する特徴が認められた.共通する特徴として鉛直エコー分布がその上部で左右に水平方向に広がったキノコのような独特な形状を示していた(**図-3.9**).そこで時間を追ってその変化を調べてみると,エコー領域が上部で水平方向に広がりながら,同時に下部にも広がっていく様子が捉えられている.その後,キノコ(茸)形のエコー分布は消えて長方形となる.最終的にはエコー頂が徐々に下がってエコー層の厚さが薄くなり消滅する.

それでは,この独特なキノコ型のエコーはなぜ形成されたのか?その理由の一つは,その上に安定層が存在し,下層から上昇してきた雲気塊が安定層に阻まれて行き場を失い,左右に拡がったからであろう.もう一つの理由は,水平に広がる領域で適度な数の,ある程度大きくなった氷晶や雪が存在したからであろう.もし,左右に拡がっ

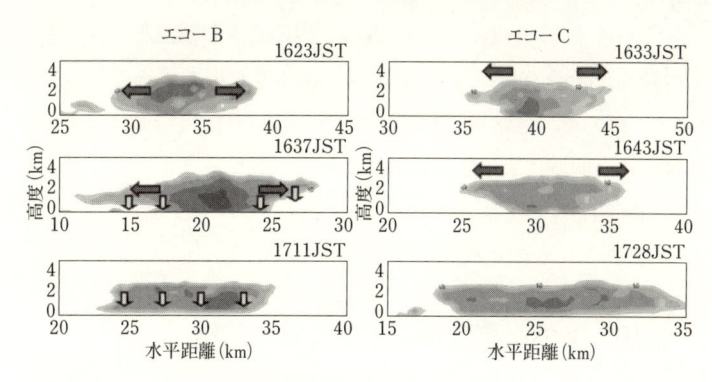

3.9 液体炭酸法を適用した初めての人工降雨実験

図-3.9 レーダーエコーの鉛直・水平分布．B, C のエコー領域で，上部でエコーが左右に拡がる共通する特徴が確認された

た領域で氷晶の数も大きさも足りなければ，レーダーには映らずキノコのようには見えないだろう．

以上の結果が示している重要な点は，人工の氷晶が左右に拡がりつつ，地上に落下する様子が見られることである．このことは，液体炭酸散布による人工的な効果が十分に機能していることを示している．すなわち，氷晶群は拡がりながら，落下しながら成長することができるので，大量の液体の雲水が降水の源である氷晶へと効率よく消費されたことを示している．

一方，この実験で多くの課題を残した．基本的には 2 つの課題がある．一つは，キノコのような形状が液体炭酸散布によって形成される独特な形状と言えるのかという疑問は解消されていない．この点は，多くの実験を重ねて検証する必要がある．もう一つの課題は，**図-3.8** に示すように人工と考えられるエコー領域以外にも自然の影響で形成されたエコー域も存在しているため，人工エコーは，何も施さない自然の状態でも同様のエコーを形成するのではないかとい

う疑問が残る.この点に関して,仮に雲内の詳細な観測ができても多くの制約があるため,雲内の物理的な全体像を把握することはきわめて難しい.その意味で,3.10で解説するように,自然ではエコーが存在しない領域に人工の降水域を単独で形成することが人工であることの証明となるであろう.

3.10 液体炭酸散布でできた雲の特徴

西山浩司,遠峰菊郎,脇水健次,鈴木義則

1999年2月2日に引き続き,同年10月27日,九州大学,防衛大学校,ユタ大学の共同,海上自衛隊の協力のもと,P3C対潜哨戒機を使い北九州玄界灘領域(壱岐上空)で人工降雨実験を行った[9].この時のターゲットの雲は,寒冷前線の通過に伴う比較的厚い雲であったが,自衛隊機が北部九州に到着した時には既に寒冷前線が通過した直後で,降水のピークは過ぎてしまっていた.そこで,寒冷前線の通過後に存在する積雲をターゲットにして人工降雨実験を実施することにした.上空から雲を観察したところ,雲頂が低い雲が大半であったが,比較的厚さのある雲も点在していたので,それをターゲットにして液体炭酸を散布した.

その結果,バンド状の降水域の中に散布した雲で特に強い降水エコーを捉えた(図-3.10右).つまり,液体炭酸を散布した雲で降水が強いという状況を作り出すことができた.さらに,この実験では,散布した雲の写真観察も実施した.その結果,散布した雲がどんどん成長し,周囲の比較的高い自然の雲よりも高く成長したことがわかっ

た(図-3.10左).この効果は,液体炭酸散布に限らず,ドライアイスやヨウ化銀の散布でも見られ,散布した雲は,周辺の雲よりも成長が強く,雲頂が高くなることを示している.その他の特徴として,その後,雲は高く発達するだけでなく,雲の周辺が半透明となっていることに気づいた.これは,液体の雲水が多い状態から氷晶が多く存在する状態へと変化したことを示している.

以上のように,人工効果と考えられるシグナルが目の前に現れてくることもあるので,散布後の雲の様子を写真等で注意深く観察することがきわめて重要である.

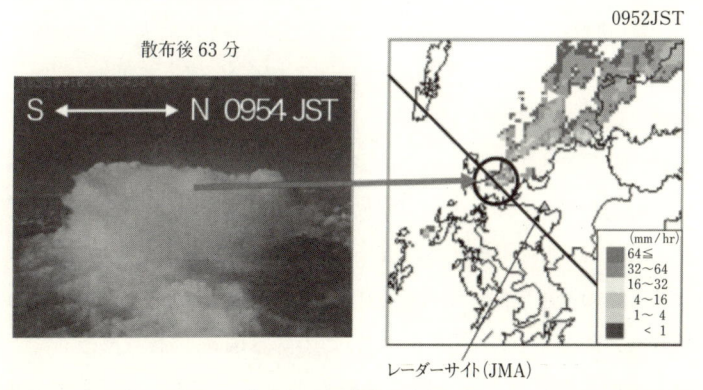

図-3.10 1999年10月27日,散布後の雲の急激な発達と降水の強化(寒冷前線通過直後)

3.11 単独の人工降雨域を作る

西山浩司,脇水健次

人工降雨の効果を明瞭に示す方法は,現段階では唯一,降水か観測されていない領域で人工の降水域を作ることである.つまり,自然で

は降水が起きないが, 人工では降水を引き起こすことが可能なことを示すことである. その効果を示すことができた実験として, 北部九州玄界灘壱岐領域を対象にした 2006 年 2 月 4 日と長崎県松浦半島の北部を対象にした 2008 年 1 月 17 日の実験である. いずれも西高東低の気圧配置で実施されたが, 朝鮮半島の季節風の遮断効果で玄界灘上の筋雲の厚さが薄く, 自然では降水を起こしにくい気象条件であった. この 2 つの例について説明する.

まず, 2006 年 2 月 4 日の実験は, 九州大学と防衛大学校の共同で, 海上自衛隊の協力のもとで実施された. 冬型の気圧配置であったが, 液体炭酸の散布領域に到着した際, 雲の厚さが最大で 1 km 程度しかなく, レーダーでは降水域が観測されなかった. 当初, 厚さ 1 km 程度では人工でも降水域が発生するとは考えられていなかったが, 予想に反して人工の降水域が確認された (図 - 5.2).

この図からわかるように, 単独の降水域が出現し, 液体炭酸散布による人工の効果を明瞭に示した. この時, 散布した雲が陸域に入り, 北部九州の西部に位置する背振山地の山岳を越えた辺りから人工の降水域が確認された[10]. そのため, この降水域は, 液体炭酸散布による人工の効果だけでなく山岳効果も受けて形成された可能性がある. この日の詳細については, 数値シミュレーションによる評価を含め, **5.3** で述べる.

一方, 長崎県佐世保市の支援を受けて実施された 2008 年 1 月 17 日の人工降雨実験でも同様の結果が得られた. この日も西高東低の気圧配置で, 2006 年 2 月 4 日と同様, 雲が厚くなく, 実験時間帯に自然での降水が認められなかった. この実験では, 松浦半島の北側の海域上空を対象に, 推定の厚さ 1,300 m の雲に液体炭酸を散布した.

その結果,図-3.11にあるように,散布から約40分後,長崎県松浦市付近に人工の降水域が出現し,南西の方向に移動し,佐世保市中心部の北側の稲佐山付近で消えた.この間,約20分の人工降水域の出現であった.

以上のように,降りそうで降らない雲を制御して単独の人工降水域をつくることに成功した.

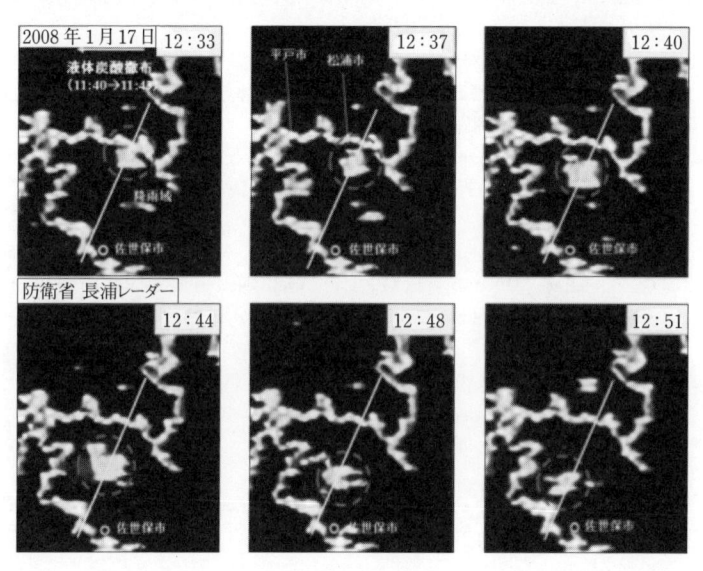

図-3.11 2008年1月17日に長崎県松浦半島で発生した人工の単独降水域(冬型気圧配置)

引用文献

1) 福田矩彦:気象工学－新しい気象制御の方法－,気象研究ノート,気象学会,164, pp.213, 1988

2) Young,K.C.：Microphysical Processes in Clouds, **Oxford University Press**, pp.448, 1993.

3) Mather,G.K., D.E.Terblanche, F.E.Steffens, L.Fletcher：Results of the South African cloud-seeding experiments using hygroscopic flares, *J.Appl.Meteor.,* 36, 1433-1447, 1997.

4) Fukuta,N., ：Project mountain valley sunshine-Progress in science and technology, *J.Appl.Meteor.,* 35, 1483-1493, 1999.

5) Asai,T., K.Nakamura：A numerical experiment of airmass transformation processes over warmer sea, PartⅠ：Development of a convectively mixed layer, *J.Meteor.Soc.Japan.,* 56, 424-434, 1978.

6) 二宮洸三：雨とメソシステム,東京堂出版, pp.242, 1986.

7) 国土交通省土地・水資源局水資源部：平成 22 年版日本の水資源について－持続可能な水利用に向けて,水資源白書, pp.281, 2010.

8) Fukuta,N., K. Wakimizu, K.Nishiyama, Y.Suzuki, H.Yoshikoshi：Large unique radar echoes in a new, self-enhancing cloud seeding, *Atmospheric Research,* 55, 271-273, 2000.

9) Wakimizu,K., K. Nishiyama, Y.Suzuki, K.Tomine, M.Yamazaki, A.Isimaru, M.Ozaki, T.Itano, G.Naito, N.Fukuta：Low Level Penetration Seeding Experiment of Liquid Carbon Dioxide in a Convective Cloud, *Hydrological Processes,* 16, 2239-2253, 2002.

10) Seto,J., T.Kikuro, K. Wakimizu, K.Nishiyama：Artificial cloud seeding using liquid carbon dioxide: comparisons of experimental data and numerical analyses, *J.App. Meteor.and Clima,* 50, 1417-1431, 2011.

4 章
降水(降雨)の仕組み

守田 治

4.1 雲, 雲粒, 降水粒子

　雨, 雪等の液体または固体の水が上空から落下してくる現象を降水といい, 落下物を降水粒子と呼ぶ. 降水粒子は, 通常, 雲から降ってくる[*1]. 雲は雲粒の集合体である. 雲粒は, 水蒸気を含んだ空気塊が何らかの仕組みで上昇し, 断熱膨張により温度が低下して飽和水蒸気圧が下がり, 空気中の過剰な水蒸気が雲粒核の周りに凝結してできる. 雲粒核には, 地表の土壌が舞いあがった粘土鉱物, 海の波が砕けてできる塩化ナトリウム, 森林火災や化石燃料の燃焼によって生じる煤, ある種の海洋性プランクトンが生成する硫化ジメチル, 火山噴火や化石燃料の燃焼によって生じる硫酸, 内燃機関が出す排気中の固形物等がある. 雲粒核の発生源の大半は地表にあり, 雲粒核の密度は地表付近で高く, 高度が高くなるにつれて低くなる. また, 大陸上に較べ海洋上で密度が低いことも知られている. 雲粒核は, 水蒸気の状態変化の違いにより凝結核と昇華核に分類されることもある. 凝結核は吸湿性のある物質であることを要し, 昇華核はあらゆる雲粒核が該当する.

　雲粒核が存在しないと, 水蒸気は飽和水蒸気圧に達しても容易に凝結または凝固せず, 過飽和の状態になる. 対流圏の上部では, 雲粒核が少ないため過飽和になっていることが多い. 過飽和大気中を航空機が飛行すると, 排気ガス中の固形物が雲粒核となって雲を作る,

---

[*1] ダイヤモンドダスト (細氷) は, 雲がなくて起こる降水現象である. 氷点下10℃以下の風の弱い晴れた朝に発生することが多く, 大気中の水蒸気が昇華してできた氷晶が, 雲を作ることなく直接地上に落下する.

いわゆる,飛行機雲である.

人工降雨法の一つヨウ化銀法は,ヨウ化銀を散布して雲粒核を増やし,雲粒の生成を促進して降水効率を上げようとするものである.ところが,雲粒核が豊富にあればあるほど降水効率が増加するかというと,そうではない.雲粒核が過剰に存在すると,粒径の小さな雲粒が多数形成され,それらが降水粒子の大きさまで成長するのに時間がかかり,かえって降水効率が低下する.ハワイ島では,逆に雲粒核が少ないため雨滴の成長速度が速く,背の低い雲から1時間に100 mmもの強い雨が降ることが報告されている[1].ハワイ島の雨は,雨滴の生成過程に雪や氷を含まない,いわゆる,暖かい雨(後述)の代表である.

雨滴と雲粒の相違は,それらが空中にとどまることができるか否かであり,それは粒径に依存する.粒子の形状を球であると仮定すると,空気中を落下する粒子には,鉛直上向きに粒径の2乗に比例する抗力(ストークスの抵抗)と,鉛直下方に粒径の3乗に比例する重力が働く.粒子の落下速度がストークスの抵抗法則に従う範囲内であれば,空気抵抗は落下速度に比例する.したがって,終端速度は重力と抗力の比,すなわち粒径に比例する.雲粒の粒径は3〜10 μm,終端速度は最大で1cm/秒である.雲が上昇流の場で形成されることから,雲粒は空中にとどまることができることは自明である.一方,雨滴の粒径は0.1〜5 mmであり,対応する終端速度は0.3〜10 m/秒になり上昇流を凌駕して落下する.

雨滴の粒径に上限があるのは,雨滴の表面で生じる圧力変動が,雨滴の表面積を最小に保とうとする表面張力に打ち勝って分裂が起こるためである.一方,降水粒子が霰や雹のような固体の場合は分裂が

起こりにくく、ゴルフボール大の雹が降ることもある．世界最大の雹は直径29.6 cmのカボチャ大で，1917年6月29日，埼玉県熊谷市で観察された．

雲は対流圏ばかりでなく成層圏にも存在する．ただし，成層圏には水がほとんど存在しないため，雲は濃硝酸や濃硫酸でできている．極成層圏雲(PSCs：polar stratospheric clouds)とも真珠母貝雲と称され，薄いベール状で，高緯度の薄暮に観察されることが多い．近年，この雲は成層圏オゾンの消失に深く関わっていることがわかり，一躍知られるようになった．

雲は，地球だけでなく他の惑星にも存在する．金星の雲は二酸化硫黄で，濃硫酸の雨が降ると考えられている．また，土星と木星の雲はアンモニアでできている．「所変われば品変わる」というが，所変われば雲も変わる．

4.2 地球大気の構造

4.1で対流圏と成層圏という用語が出てきたので，地球の大気構造について簡単に触れておく(**図-4.1**)．

地球は，大気のみならず固体地球を含めて何層もの球殻構造を

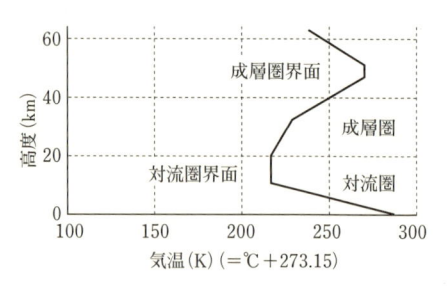

図-4.1 大気の構造

持っている.英語ではそれらを「○○ sphere」と称し,日本語で「○○圏」と訳される.筆者も長年慣れ親しんだ言葉でうまい訳だと思うが,球という本来のイメージが伝わってこない欠点がある.固体地球は総称として岩石圏(lisosphere)と呼ばれ,重力分化して密度成層をなしている.外側から地殻,上部マントル,下部マントル,外核,内核という名称がついている.

大気層は温度構造によって領域が分かれ,地表から 10 km までを対流圏, 10 km から 50 km までを成層圏, 50 km から 80 km までを中間圏, 80 km から太陽大気までを熱圏と称する.また,対流圏と成層圏の境界を対流圏界面,成層圏と中間圏の境界を成層圏界面,中間圏と熱圏の境界面を中間圏界面と呼ぶ.ここで述べた各圏界面の高度は地球全体を平均したもので,極域では低くなり,赤道域では高くなる.大気層と温度分布を図 - 4.1 に示してある.

温度分布は,放射平衡と対流平衡により決まっている.対流圏の温度は,高度の増加に伴い 6 ℃ / km の割合で減少する.放射平衡だけで決定される対流圏の気温分布は,地表付近が高温で高さとともに急速に気温が低下する.このような温度分布は不安定で,直ちに対流転倒が起こる.対流が起こり大気下層の空気塊が上昇すると,断熱膨張により気温が低下する.もし,大気中に水蒸気がなければこの値は 9.8 ℃ / km となるが,水蒸気が存在するため,気温が下がると飽和水上気圧が下がり,空気塊中の水蒸気の一部が凝結して潜熱を放出して気温の低下が緩和される.成層圏にはオゾンが豊富に存在し,地上約 30 km で密度が最大になる.オゾンは太陽光線中の紫外線を吸収し,その生成消滅の光化学反応の過程で赤外線を放射し,周りの大気を過熱する.地上 50 km の気温の極大(成層圏界面)はこうしてで

きている.成層圏の気温分布はきわめて安定で,対流は起こらない.

4.3 大気成層の安定,不安定

　大気成層の安定と不安定について説明しておく.対象とする流体が水のような液体であれば,話は簡単である.液体は,圧力が変化してもほとんどその体積を変化させず,近似的に非圧縮性流体とみなせる.非圧縮性流体の密度は温度だけの関数なので,下層の温度が上層の温度より高ければ不安定であり,逆ならば安定である.

　一方,空気のような気体の体積と圧力と温度の間にはボイル・シャルルの法則が成り立つ.したがって,密度は温度と圧力の関数である.このような圧縮性流体の場合,ある高さにある空気塊を他の高さまで変位させた時,元の高さに戻すように浮力が働く(安定成層)か,あるいは変位を増大させるように浮力が働く(不安定成層)かで,大気の成層状態を判別しなければならない.

　冬になると,「日本の上空4,000 mに氷点下40℃の寒気が南下してきましたので,明日は寒さが厳しく大雪になるでしょう」といった類の天気予報をよく聞く.物理学の知識のない人は,そんなに強い寒気が地上に下降してきたらたいへんなことになると心配になるかもしれない.しかし,上空の寒気に何らかの力を加えて地表まで下降させたとすると,水蒸気が凝結して潜熱を発生することはないので,9.8℃/kmの割合で気温が上昇し,上空4,000 mにあった氷点下40℃の寒気も地上に達した時には氷点下1℃になる.さらに正確を期すと,このような寒気中には降水粒子が含まれているはずな

ので,下降の途中で降水粒子の蒸発が起こって周囲から潜熱を奪い,地上に達した時には氷点下1℃よりも少し低温になるはずである.

大気中の対流現象を議論する時,対流の深さが浅い場合には非圧縮性流体として取り扱うことがあり,このような近似をブシネスク近似という.ブシネスク近似は力学方程式を簡素化するので,背の低い対流の理論的な取扱いや数値モデルの作成に有用である.

4.4 冷たい雨, 暖かい雨

水蒸気が凝結または昇華して雲粒子を作り,雲粒子が降水粒子に成長する過程で,固体の水を含む雨を冷たい雨,含まないものを暖かい雨と称する.

降水過程の理論の確立は,次の3名の物理学者,気象学者の貢献によるところが大きい.

アルフレッド・ウェゲナー[*2]は,水が過冷却状態で存在しうることと,氷の飽和水蒸気圧が水の飽和水蒸気圧よりも低いことを発見した(Wegener,1911).ウェゲナーの説を実証したのがトール・ベル

[*2] ドイツの気象学者・地球物理学者(1880〜1930).大陸移動説を提唱して地球物理学史に燦然と輝く金字塔を打ち立てたが,元来,義父のウラジミール・ケッペンからも嘱望された気象学者であった.気象学においても幾つかの重要な研究成果を残している.彼は,鳥の眼を持つ,あるいは宇宙人の目を持つ地球物理学者と称されたが,兄とともに趣味で気球を操縦していたことが彼の観点に影響を与えたのかもしれない.

[*3] スウェーデン・ベルゲン学派の主要な気象学者の一人(1891〜1977).ベルゲン学派は,V.ヴィヤークネス教授と彼の弟子たちによって設立された研究グループで,近代気象学の基礎を確立した.かの有名なC.G.ロスビーもベルゲン学派の気象学者である.

ジェロン*3である.彼は霧を観測していて,0℃よりも気温が高い時には森林の中が霧に包まれるが,0℃よりも気温が低い時には森林の中では霧が消えることを発見した.この現象を,0℃よりも気温が低い森林の中では樹木に樹氷が発達し,水と氷の飽和水蒸気圧の差のため過冷却霧粒から蒸発した水蒸気が続発的に樹氷表面に昇華し,そのため過冷却霧粒は消えると,ベルジェロンは考えた.その後,この考えを雲の中の降水粒子の形成に拡張し,降水過程の基礎理論を作った(Bergeron,1933).ウォルター・フィンダイセン*4はベルジェロンの説を発展させ,衝突,併合による降水粒子の成長過程を付け加えた.冷たい雨の降水過程は,ベルジェロン-フィンダイセン説(あるいは,ウェーゲナー-ベルジェロン説)と呼ばれている.

ジェット旅客機で対流圏界面付近を飛行すると,薄い羽毛状の巻雲や絹布のような巻層雲を目にすることがある.なぜこんなに薄い雲が長時間存在できるのか不思議に思えるが,氷の飽和水蒸気圧が低いためである.一方,晴天時に対流圏下層にできる積雲(通称,ひつじ雲)はかなり質量があるように見えるが,短時間で消滅することが多い.水の飽和水蒸気圧が比較的高いため,雲粒からの蒸発量が雲粒への凝結量に勝るためである.

人工降雨法のうち液体炭酸散布法は,氷と水の飽和水蒸気圧の差による氷晶の急速な拡散成長を利用したもので,その基本原理からすると,過冷却雲中で散布するのが最も効果的だと思われる.福田は,1987/1988年の冬,ソルトレーク市で過冷却霧に地上の車両から液体炭酸を散布して一定程度の霧消しに成功した[2].九州大学の研究グループは,1999年2月以降,冬季の寒気吹出し時の雪雲に液

*4 ドイツの物理学者.生没年等は不祥.

体炭酸を散布する人工降雨実験を行い, 数多くの成功事例を収めた (**5章**参照).

アルフレッド・ウッドコック[*5]は, 海塩核に水蒸気が凝結して雲粒を作り雨滴に成長する, 氷晶過程を含まない暖かい雨の降水過程を明らかにした[3]. 暖かい雨は, 熱帯海洋や海洋に近い大陸, 島嶼で見られる. 熱帯においては, 対流圏下層大気は高温で湿潤である. そのうえ, 海洋では雲粒核が少ないため, 雲粒核を中心に水が凝結しても水蒸気圧はさほど下がらない. このため, 飽和水蒸気圧が高い水滴表面に効率的に水蒸気が凝結する. 高橋は, ハワイにおいて暖かい雨の降水過程で1時間に100 mmを超える雨が降ることを報告した[4,5].

4.5 短時間降水量の増加傾向

近年, 各地の観測点で短時間降水量が増加しており, 1時間降水量が100 mmを超える集中豪雨が頻繁に起こるようになった. このため, 豪雨に伴う土石流や地滑り災害が増加している. 筆者は, 短時間降水量の増加は地球温暖化が原因と考えているが, それに異を唱える人もいる. 本節で, 地球温暖化がなぜ短時間降水量を増加させるのかという気象学的な背景と, 経年的な短時間降水量の増加傾向を示す. もちろん, 気温の時系列データと降水量の時系列データ間の因果関係を示すことができればそれに越したことはないが, 因果律解析を行うにはまだデータ期間が十分ではない.

[*5] アメリカの気象学者. 生没年等は不祥.

地球温暖化が進むと短時間降水量が増加すると考えられる気象学的な理由は何であろうか．第一には，地球温暖化は大気層全体が一様に暖めるわけではなく，大気中の温室効果ガスの分布のため，大気下層ほど気温偏差は正で値は大きく，高度が上がるにつれて気温偏差は小さくなり，対流圏界面では±0，成層圏では逆に負になる．このため，対流圏の成層状態はより不安定化し，対流現象が激しなる．第二は，気温が高くなれば飽和水蒸気圧が高くなり，単位体積の大気に含まれる水蒸気量（降水の元であり，可降水量と呼ばれる）が増えるに従って降水量も増える．これは，夏の雨と春・秋の雨とを比較してみると自明である．また，低緯度の観測点と高緯度の観測点の短時間降水量を比較してもよくわかる．

気象庁は，アメダスの観測が始まった1976年から2008年までの観測結果から，1時間降水量が50 mmと80 mmを超える降水が

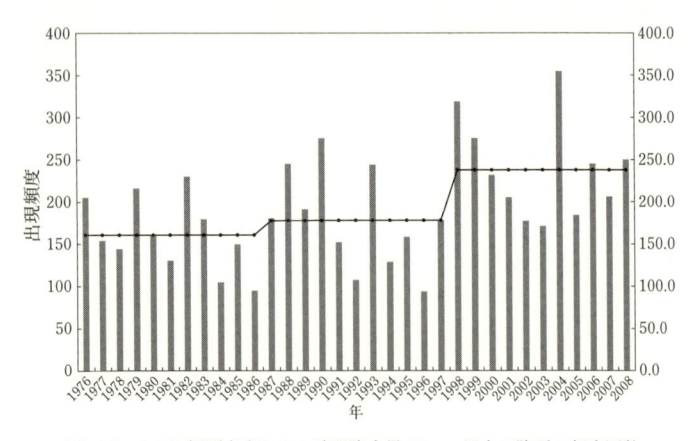

図-4.2 1,000観測点当りの1時間降水量50 mm以上の降雨の起生回数

* 6　1,000観測点当りと観測点数を規格化したのは，年によって観測点数が変化するためである．こうすることによって，観測点数の変化が起生数に影響を及ぼさない．

4.5 短時間降水量の増加傾向

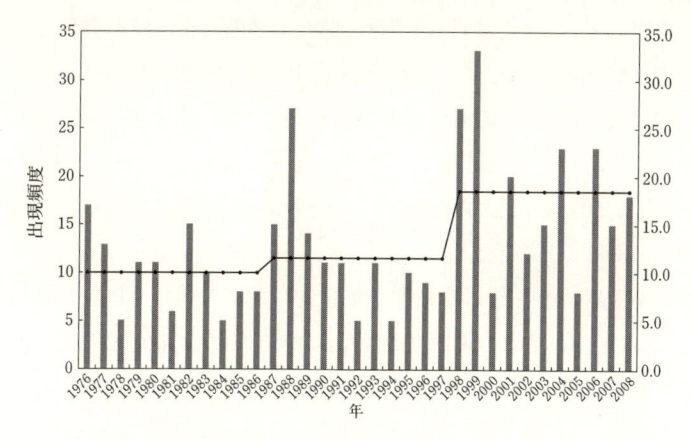

図-4.3 1,000観測点当りの1時間降水量80mm以上の降雨の起生回数

1年間に1,000観測点当り[*6]に起生する回数を求め,さらに全期間を11年ごとの小期間に分割してそれぞれの期間の平均起生回数をホームページに掲載している(**図-4.2, 4.3**).この観測期間を第1期(1976〜1986年),第2期(1987〜1997年),第3期(1998〜2008年)の3期間に分け,それぞれの期間における1年間の起生回数の平均と分散を求めた.

表-4.1に結果を示す.これらの平均と分

表-4.1 1時間降水量が50mm以上の降雨の11年ごとの年間発生数の平均と分散

期　間	平　均	分　散
1976〜1986年	160.4	43.5
1987〜1997年	177.5	58.5
1998〜2008年	237.8	59.0

表-4.2 1時間降水量が80mm以上の降雨の11年ごとの年間発生数の平均と分散

期　間	平　均	分　散
1976〜1986年	9.9	4.0
1987〜1997年	11.5	6.0
1998〜2008年	18.4	7.8

散を用いて T-検定を行うと, 第1期と第2期の平均値の間には統計的有意差は認められなかった. しかし, 第2期と第3期の平均値の間には 95% 以上の有意水準で差が認められ, 第1期と第3期の平均値の間には 99% 以上の有意水準で差が認められた. すなわち, 1時間に 50 mm 以上の豪雨が起生する回数は, 近年になるほど増加傾向にあることが示された.

1時間 80 mm を超える豪雨の年起生回数についても同様に3期間に分け, それぞれの期間における1年間の起生回数の平均と分散を求めた. **表-4.2** に結果を示す. 得られた平均と分散を用いて T-検定を行うと, 第1期と第2期の平均値の間には統計的有意差は認められなかった. しかし, 第2期と第3期の平均値の間には 95% 以上の有意水準で差が認められ, 第1期と第3期の平均値の間にも 95% 以上の有意水準で差が認められた. 1時間 80 mm 以上の豪雨が発生する回数についても, 近年になるほど増加傾向にあることが示された.

それでは, 1時間降水量に上限値は存在するのだろうか. これまでの1時間降水量の最大値は 153.0 mm で, 1982 年 7 月 23 日長崎県長浦岳 (長崎豪雨) と 1999 年 10 月 27 日千葉県香取 (台風 10 号) で観測された. 筆者は, この値が1時間降水量の上限値に近いのではないかと考えている. これまでに述べてきたように, 大気中の水蒸気が凝結して雲粒になり, 雲粒が拡散成長して降水粒子となり, 降水粒子が衝突, 併合して降水粒子となって地上に落ちてくるためには一定の時間が必要である. さらに, 雲粒ができるためには雲粒核が必要であるし, 少なくとも1時間以上, 多量の水蒸気の供給する降水システムが存在せねばならないからである.

地球温暖化に伴う気象条件の変化は,短時間降水量ばかりでなく,日本における竜巻発生数の増加,台風の巨大化・強力化,北米大陸における巨大竜巻の発生,ハリケーンの巨大化・強力化にも影響を及ぼしていると思われる.

引用文献

1) 高橋劭:第Ⅱ期気象学のプロムナード4,雲の物理, pp.172,東京堂出版, 1987.
2) Fukuta,N.:Project Mountain Valley Sunshine — Progress in Science and Technology, *J.Appl.Meteor.,* 35, 1483-1493, 1996. .
3) Woodcock,A.H.:Smaller salt particles in oceanic air and bubble behavior in the sea, *J.Geophys.Res.,* 77, 5316-5321, 1972.
4) Takahashi,T.:Warm rain study of Hawaii-rain initiation, J. Atmos, Sci., 38, 347-369, 1981a.
5) Takahashi,T.:Warm rain development in a three-dimensional numerical model, *J.Atmos.Sci.,* 38, 1991-2013, 1981b.

5章

人工降雨実験ドキュメント：成功事例

5.1　1999年2月2日

鈴木義則

　1994年の西日本の厳しい干ばつを契機に, 筆者たち九州大学気象制御研究グループ(初期には福岡県水資源局もメンバーに加わっていた)は, 新人工降雨法の実用化に向けアメリカ・ユタ州立大学の福田矩彦教授と国際共同研究を開始した. 根拠となる福田新理論は, 実はアメリカ国内では不当に無視されていた. しかし, ヨウ化銀法とドライアイス法の限界を破る新しいものであると, 筆者はソルトレークシティのユタ大学に教授を訪問し, 実験室を見せていただいた時に直感した. そこは理論を裏づけるための実験装置, ミクロなものから天井に至る大きなもので整然と埋め尽くされていた. 精緻な設計のもと, 日本人特有の器用さを如何なく発揮した精密なものであった. 理論は必ず自らの手で実験し, 観察し, データを自分の目で確かめてから, さらなる高みへと導いていったものであった. その理論の詳細は他章に示したのでここでは略す.

　航空機液体炭酸種まき実験は, 九州大学気象レーダー(福岡市東区箱崎)の計測可能範囲の北部九州域を対象に, 洋上の積雲に種まきし, 北西風に乗せて背振山系から甘木周辺のダム群に雨をもたらすことを目的とした. それは同時に福田新理論の検証でもあった. 第1回の実験は, 冬季の積雲を対象に1999年2月2日に実施された. 飛行・種まきチームは福田矩彦ユタ大教授, 西山浩司九大助手(職名は当時. 現在は助教), 吉越恆九大院生で, 離着陸は北九州空港(当時の空港と同名の現空港は別), 九大気象レーダー・地上観測チームは脇

水健次九大助手,筆者(九大教授),松井桂子九大院生,福岡県庁水資源局大平洋司課長,波多江直之課長補佐等であった.

双発実験機(ビーチクラフトーバロン58)は14:50に九州大学レーダーの西方洋上を目指して離陸し,福田教授の指示で壱岐島の上空を旋回しながら,積雲の中からターゲットとして中小3個を選んだ.種まきは,西山助手の手による液体炭酸ボンベのバルブ開放である.噴霧ノズルは,右翼下部エンジンの排気を避けた位置に取りつけられている. 15:34から15:49にかけて,積雲の雲底内部の高度1,500 m,− 4℃層を水平直線状に1回ずつ液体炭酸を6 g/秒でおおよそ2分間行った(図- 3.8参照).種まきのこれらターゲットは,降りそうで降らない若い積雲である.

レーダーエキスパートの脇水助手は左手,右手でそれぞれ別々のダイアルを同時に動かしつつ,エコーを探索している. 16時過ぎにレーダーの水平断面(PPI)は,壱岐島方向を含む北西から進んでくるレーダーエコー7個を捉え出した(図- 3.8参照).時間を追うごとにそれらエコーは,小→中→大→中→小へと変化するもの2個と小→中→小あるいは無変化に近いもの5個とに別れた.その時間の進行の中で,脇水助手と筆者とが決断しながら,次々にエコーの鉛直断面(RHI)も切り取っていく. 16:23から17:34にかけて面白い画像が現れた.鉛直断面では高度4,000 mに及ぶキノコ型(傘をやや開いた形)のきわめて顕著な特徴を示していた.水平方向,縦方向への成長が最大となったのは16:37であった.この時,レーダー画像を覗く面々からどよめきが起こった.この画像が福田新理論のシミュレーション結果とまさに同じ傾向であったからである.ついに,自然界で新理論が証明された瞬間となったのであった.後刻,レーダーと

飛行チームによる種まき時刻・位置データを突き合わせた結果も，前者の2個が人工降雨雲で，後者の5個は自然雲であることを確認するものであった．種まきをした積雲の一つは小さすぎて人工変動を起こすには至らなかった．

雲のエコーは，レーダーサイトの西側壱岐島辺りから山口調整池のある背振山系を経て南東側へと進み，種まき後約2.5時間，福岡県甘木の上空でレーダーエコーから消えた．ここでの「消滅」は，その雲の大半が降雨となってしまったことを意味する．その最大となったレーダーエコーの発現地点と同一時刻，九州大学農学部屋上から白く輝く雲頂と黒い雨足を持つ積乱雲を目撃できた．大平課長が所轄の山口調整池へ電話を掛け，降雨状況を問うた．返事は，"只今みぞれ混じりの雨が降っています．1mmを計測した"であった．"そう，今まさに降っているんだね"，大平課長の声がレーダー室で弾んだ．この数値は，エコー面積と降雨継続時間から地上の降雨域に対して約100万tの降水量をもたらしたことに相当するものである．2つの有効積雲に計4分足らず，約400gの液体炭酸を散布したうちの1つの雲だけの結果である（図-3.9参照）．

現実の運用では，風上から波状的に来る積雲に次々に散布することになる．人工降雨に適した（有効）積雲の数が多ければ，結果としては量的にも相当なものを確保できることになる．

福田教授は帰米の当日，実験結果の即席解析を筆者と一緒にしながら，"やりました，ついにやりましたね．科学の勝利です"と，心から晴れやかな声をあげられた．

理論科学者にして実験科学者の福田矩彦教授の真実に対する洞察力の確かさ，研究に対する熱情，厳格な実験技術に筆者は畏敬の念を

抱いている．30才代でデンバー大学教授に就任して以来，アメリカの大学で活躍中の教授の舌鋒(ぜっぽう)は鋭く，世界の学界の現状，祖国日本社会の現状に対しては実に辛辣(しんらつ)であった．だが，超一流の科学者の怒気・悲憤に満ちた弁は心地よく耳を打った，あすなろの筆者の耳を……(付記：2010年5月3日，福田矩彦名誉教授はユタ市において逝去された)．

5.2　1999年10月27日

真木太一, 鈴木義則, 遠峰菊郎, 脇水健次, 西山浩司

1999年2月2日の最初の劇的な実験成功に引き続き，1999年10月27日，北九州北部での液体炭酸散布による実験が見事に成功した結果を報告する．

航空機には海上自衛隊のP3C機を使用した．気象状況，天候は秋季の雲のある晴天下であり，寒冷前線通過後の雲に対して液体炭酸の散布を実施した．壱岐島付近で液体炭酸を散布し，63分経った9:54の東側から西方を見た雲の写真を図-5.1左に示す．

約1時間後には既に雲頂高度が7,200 mにまで達しており，まだ発達中であることが確認できる．一方，雲頂部分が平らになっていることから判断すると，さらなる高高度への発達から，むしろ水平方向および四方八方(周辺方向)への発達・拡大が起こっていることが読み取れる．

また，その状況から判断し，実際に顕著な降水現象を示していることが図-5.1右の降水分布からもわかる．なお，この状況は背振山に

| 目的場所：1999年10月27日北部九州 |
| 気象状態：寒冷前線通過後 |
| 目　的：孤立した対流雲に対して液体炭酸を散布 |
| 結　果：一つの散布エコーとその誘起エコーを確認 |

海上自衛隊P3C利用

0952 JST

液体炭酸散布63分後

S ←――→ N　0954 JST

雲頂7,200 m(発達期)

(mm/hr)
64≦
32〜64
16〜32
4〜16
1〜4
＜1

気象庁のレーダー(背振山)

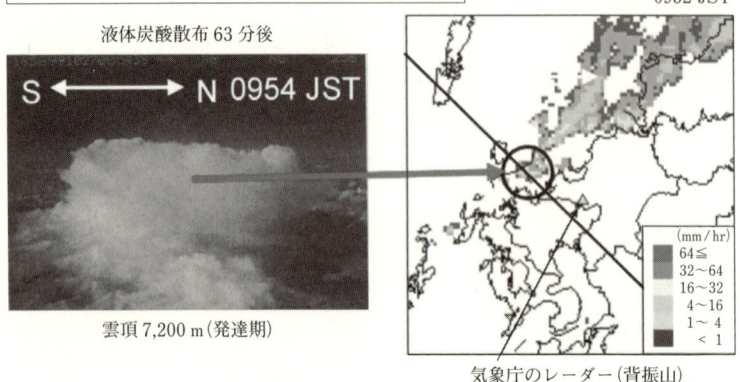

図-5.1　液体炭酸法の成功事例，1999年10月27日の液体炭酸人工降雨実験時の雲の写真(左)とレーダー画像(右)

設置されている気象庁のレーダーに明確に捉えられている．この時間帯では海上であるが，やがて陸上に達する状況である．

以上のように，日本での2回目の貴重な液体炭酸人工降雨実験の事例を簡単に示した．この2回の実験成功により今後の人工降雨法の普及が期待された．しかしながら，それ以降，天候，予算，タイミング等々の理由で，相当の年数ほとんど成功の事例がなく，もちろん普及もしていないことは非常に残念であった．次の成功の事例は，2006年の実験まで据え置かれた．

5.3 2006年2月4日

遠峰菊郎

2006年2月4日に実施した人工降雨実験の事例と,この事例を数値実験により解析した結果を述べる.

a. 人工降雨実験 九州地方長崎県壱岐島周辺において,防衛大学校,九州大学,海上自衛隊が共同で人工降雨実験を行った.実験対象の雲は,0℃よりも冷たい雲水(過冷却水)により形成されている雲底約1,070 m,雲頂約2,130 mの厚さ1,000 mほどの層積雲である.大陸から吹き出した乾燥した寒冷な空気が海面温度の高い日本海上で下方から熱と水蒸気を受け取り不安定となると,人工降雨実験の対象となるような雲は発生しやすい.そのため,冬季に日本海側の洋上において上空に寒気が入る場合が人工降雨実験に適切な状況である.

実験当日の天気図によると,地上は西高東低の冬型気圧配置で,等圧線が南北に伸びている.850 hPaの等圧面の天気図では,−6℃の等温線が九州の南まで南下し,実験空域に最も近い福岡上空1,523 m高度で−13.1℃で,寒気が入っていることがわかる.衛星可視画像を見ると,日本海,黄海では筋状の積雲が発生しているが,実験空域の壱岐島周辺海域では朝鮮半島の風下のため,発達した積雲が出にくい状況であった.レーダーエコー合成図(**図-5.2**)を見ると,この積雲の状況に対応し,関門海峡から東側では筋状の積雲のレーダーエコーが確認できるが,実験空域内の壱岐島周辺ではレー

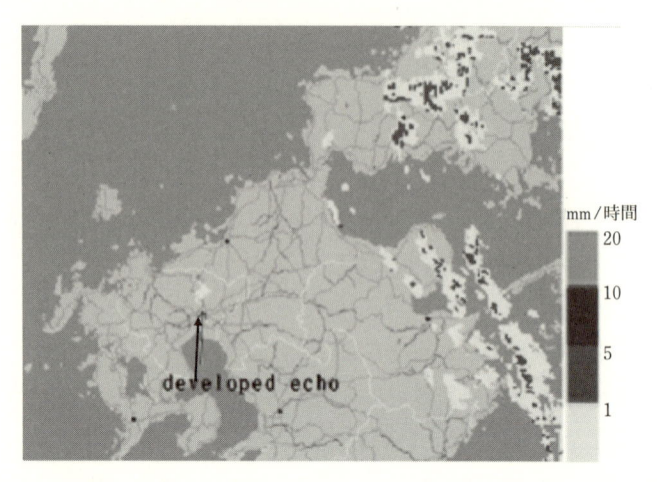

図-5.2 2006年2月4日10時50分のレーダーエコー強度分布(気象庁).人工降雨実験により発達したレーダーエコーの位置を矢印で示す

ダーエコーはほとんど存在していない.航空機からの目視観測でも厚さ500〜1,000m程度の小規模の積雲が大部分であった.壱岐島周辺で雲が薄くレーダーエコーがない状態から判断して,この時,この周辺では降水が発生しにくい状況ではあったが,この状態の中で9:17から9:19にかけて人工降雨実験を行った.

人工降雨実験から48分後に最初のレーダーエコーが観測され,その後,93分後(10:50,図-5.2)にかけこのレーダーエコーが発達した.2006年2月4日0900JSTの福岡の高層気象観測における上層風の風向・風速を利用して雲の移動推定範囲を算出すると,この最初のレーダーエコーが観測された位置は,実験を施した雲が移動して来る位置に対応していた.また,このレーダーエコー近辺には目立ったレーダーエコーは存在していない.航空機により実験した雲を追跡し,雲が盛り上がってきた様子を観測した.これらのことか

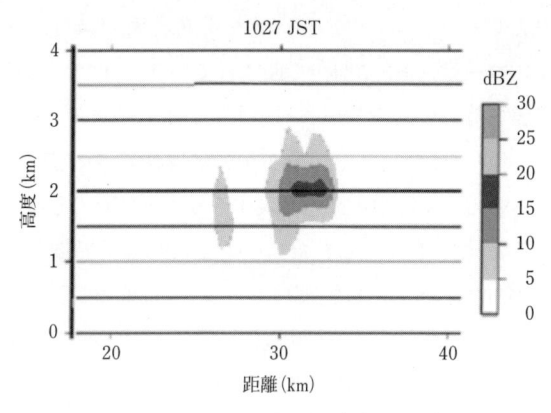

図-5.3 10時27分のレーダーエコー強度分布の鉛直断面図(RHI)．距離は九州大学レーダーからの距離

ら，このレーダーエコーが人工降雨実験の結果発生したものであることがわかる．次に九州大学のレーダーによる，このレーダーエコー強度分布の鉛直断面図を**図-5.3**に示す．30 km付近で下に垂れ下がっているレーダーエコーは，降水粒子の落下が強まり始めていることを示している．

b. 数値実験 2006年2月4日の人工降雨実験を解析するため，WRF[*1] ver3.1を用いて数値実験を行った．環境場としては，衛星可視画像から見た雲の発生域は壱岐島周辺の沿岸部から内陸部にかけてであり，数値実験でも同様の領域で雲を発生させることができた．人工降雨実験の効果を表現するため，実際の実験に対応した高度約1,500〜1,800 mにおける長さ12 kmの直線上において，9時に雲氷粒子の混合比[*2]と数濃度[*3]を増やした．人工降雨実験後80分に

[*1] WRF：Weather Research and Forecasting Model.

計算されたレーダーエコー強度の水平分布を**図-5.4(a)**に示す.実験対象のエコーは,図中で四角で囲まれている.今回の実験では,人工降雨実験を施してからレーダーエコーが現れるまで48分かかっているが,計算上は少し早く,20分後には現れていた.これは,数値実験中において人工降雨実験を表現する方法が原因であると推測している.人工降雨実験を施されたレーダーエコーは,時間とともに面積を広げ,発達している.数値実験上では,人工降雨実験を実施しなければ,このレーダーエコーは現れなかった.このレーダーエコーの進行方向の鉛直断面図を**図-5.4(b)**に示す.レーダーエコーは垂れ下がって山岳上に接地しており,雨,雪等の降水粒子が落下し地上に到達していることを示している.この数値実験中で人工降雨実験の結果現れた降水分布を**図-5.5**に示す.ここで示されている降水量

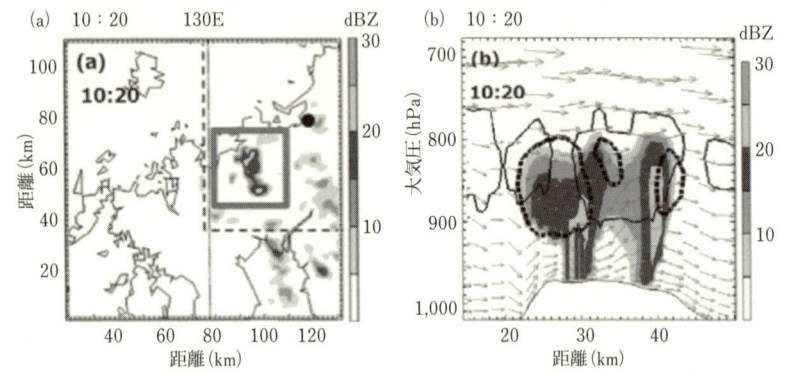

図-5.4 10時20分における計算されたレーダーエコー強度の水平分布(a)と鉛直分布(b).
(a)図中黒丸は九州大学のレーダー位置を表す.(b)図中実線と破線は,雲水の混合比が多い領域と雲氷の混合比が多い領域を示す.また,地上には山岳がある

---

* 2　混合比:空気1kgに含まれる雲氷の質量.
* 3　数濃度:単位体積中に含まれる雲氷粒子数.

は 9 時から 11 時における 120 分間の積算値であるが, 山岳部において約 0.1 mm 程度の降水が発生している. 現実の実験においても, 該当場所で 0.5 mm／時間以下の降水が観測された地点もある. 降水量がこのように少ないのは, もともとそのような気象条件であったためである.

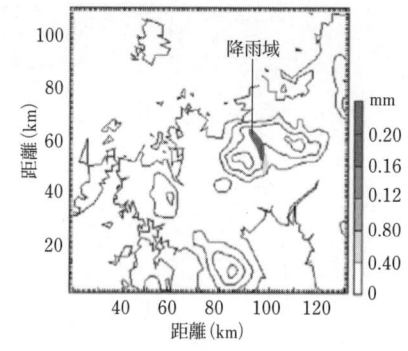

図-5.5 人工降雨実験の結果算出された 120 分間の積算降水量, 背抜山上に細長い降雨域を観測した

5.4 2006 年 11 月 7 日

真木太一, 西山浩司, 脇水健次, 鈴木義則

2006 年 11 月 7 日の人工降雨実験の結果について述べる.

a. 実験の方法と解析結果　実験は, 西高東低の気圧配置時に冬季の積雲に対して九州北部玄界灘の壱岐島上空で液体炭酸を散布して行われた. その前後の気象状況と, 九州大学のレーダーおよび国土交通省による衛星画像とメッシュ図による評価を報告する. その結果, 以下のように顕著な効果が見られた.

佐賀空港から飛び立った民間航空機により, 玄界灘壱岐島上空付近の雲厚 1,000 m 以下の積雲 (目視で厚い雲) に液体炭酸を 4 回, 約

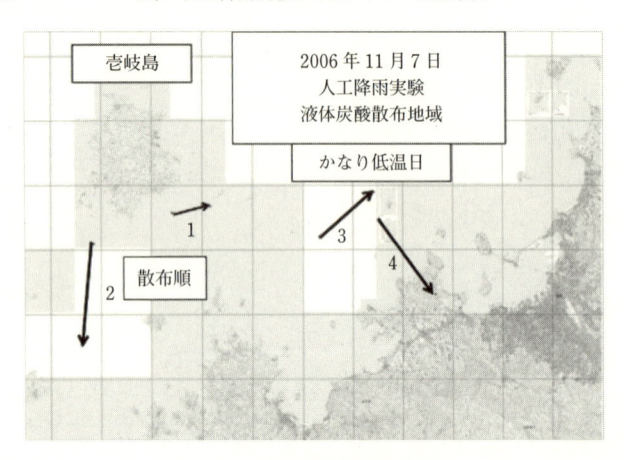

図 - 5.6 4回の液体炭酸散布状況

10分間にわたって散布した．その散布状況は**図 - 5.6**に示すとおりである．そのうちの3，4回目の散布について主として解析した．

実験日はかなりの低温日で，実験に適していたと判断された．航空機の外部気温は9：41に－1.8℃，9：45に－3.4℃を観測している．なお，雲頂気温は10：04に－6.0℃であり，実験条件を満たしていたと判断された．

その結果，**図 - 5.7**に示すように，10：00以降，人工降雨が見事に観測されている．特に10：30，10：40にはメッシュ画像で確認されており，実際に九州大学付近から福岡空港にかけて地上で少量の降雨が目視確認された．ただし，雨量計が置かれた場所から幾分離れていたため，降水量としては観測されていない．

また，3，4回目の散布は，偶然にも同じ雲に一部2度まきした可能性があることから，相互に影響し合ってより顕著に雲が発達した可能性があり，降水につながった可能性が高い．この2度まきによ

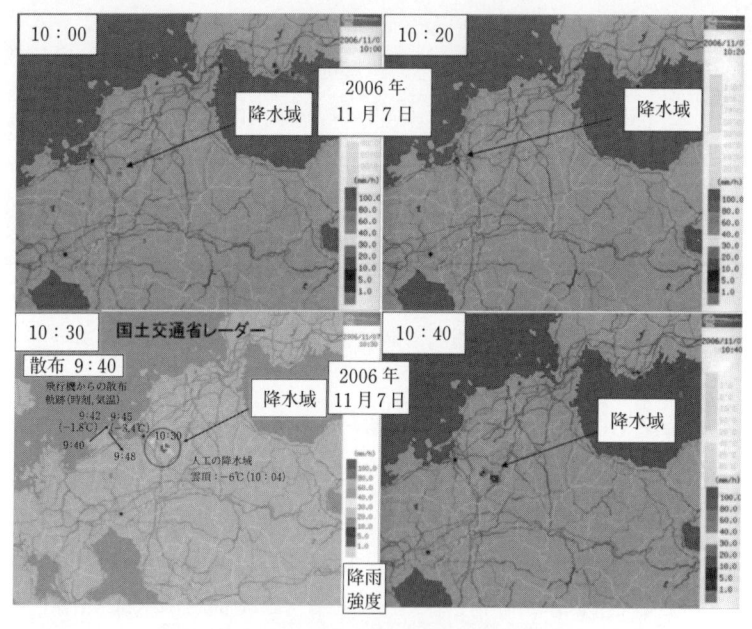

図 - 5.7 液体炭酸散布実験の成功事例

る発生メカニズムについては興味深く,今後の実験において有望な手法であると推測された.さらには,2回目の散布によってもレーダー画像上に降雨域が認められたことは意義深かった.

さて,図 - 5.6の散布状況に細かい散布時間とその時の外部気温を記入した状況を図 - 5.7左下に示している.すなわち,3,4回目の散布軌跡を示している.9:40に散布した液体炭酸が雲を発達させ,10:20には福岡市の海岸付近(陸上)に達しており(図 - 5.7),降水がレーダー画像で1mm/時間の強度で観測されている.

そして,よく見ると,3,4回目の2回分の降雨域がわずかな時間,距離の差で明確に認められる.また,10分後の10:30には,降雨強

度も増し,一部では1〜5 mm/時間の降雨領域も認められる.しかも,10:40にはさらに内陸に明らかに移動している状況が読み取れる.

さらに興味深いことに,10:00の段階で降雨域が福岡市の西部と佐賀県境に認められる.これは,2回目の散布による降雨と判断され,その降雨域が福岡県,佐賀県境の背振山にかかった可能性があり,降雨域が発生したと推測された.

以上のように,液体炭酸の散布による人工降雨が確実に認められると判断される有効な観測結果となった.

b. まとめ　　この実験は,寒候期としてはかなり早い段階での実験であったが,晩秋季の11月において,かなりの低温日には十分降水をもたらす積雲が存在し,実験が可能であったことを示す事実が確認できた.特に,雲の厚さが薄い1,000 m以下の約600 m程度の雲においても降水が確認されたことは驚きであった.降水は30分〜1時間にわたり観測され,国土交通省のレーダー画像からの推定では,総降水量は数十万t程度と推定された.このことは,人工降雨実験による非常に有益な情報となった.

筆者らにとっては久し振りの実験成功の確認となり,興味深い,非常に印象に残った実験結果となった.

5.5　2007年1月8日

真木太一, 鈴木義則, 脇水健次

a. 実験結果　　2007年1月8日,航空機により3回実施された人

工降雨の散布状況を図-5.8(左上)に示す.そして,その日の日本付近の雲の人工衛星写真を(右上)に,風向を(左下)に示す.また,風下にあたる九州大学農学部2号館の屋上にあるレーダーサイト付近からの雲の発達状況の写真を(右下)に示す.ただし,これら雲はあまり発達していないが,液体炭酸を散布した雲ではなく,厚さ1,000 m程度の雲であり,実験時間中の一般的な雲の状況を表している.

なお,福岡の11時の気象状況(気象庁)は,気圧1,021.1 hPa,降

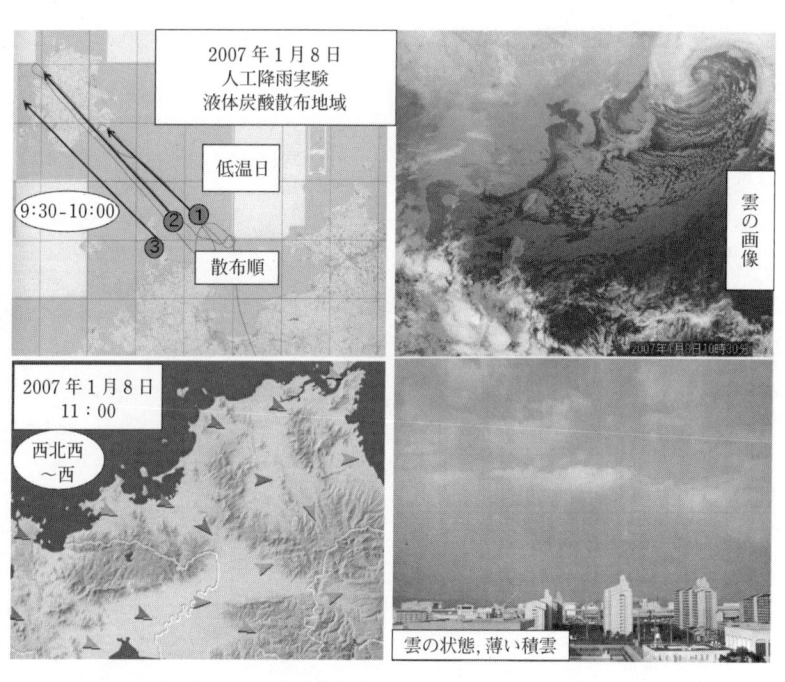

図-5.8 航空機による3回の散布状況(左上),日本付近の雲の人工衛星写真(右上),一般風の風向(左下),および九州大学農学部2号館屋上付近の一般的な雲(散布域の直接の風下の雲ではない)(右下)

水量 0.0 mm(10, 12 時なし), 気温 7.4 ℃, 露点温度 − 1.0 ℃, 蒸気圧 5.7 hPa, 湿度 55 %, 風速 6.0 m/秒, 西北西, 日照時間 0 時間, 全天日射量 0.56MJ/m^2, 天気・雲量測定なし(9, 12 時:曇り, 雲量 10)であった.

1 月 8 日における 3 回(5, 10, 10 分)の航空機散布後の人工降雨実験の降雨状況を**図 - 5.9**に示す. 雲の厚さが 1,000 m 以下しかなかったため, 目視により比較的厚い雲をターゲットに定め散布を行った. その結果, 降雨域は西北西の風に乗って福岡市から東部域, すなわち福津市, 宗像市, 古賀市, 直方市, 若宮市, 福岡市, みやこ町, 嘉麻市, 田川市付近の, 距離的には 60 ～ 120 km 風下まで観測され

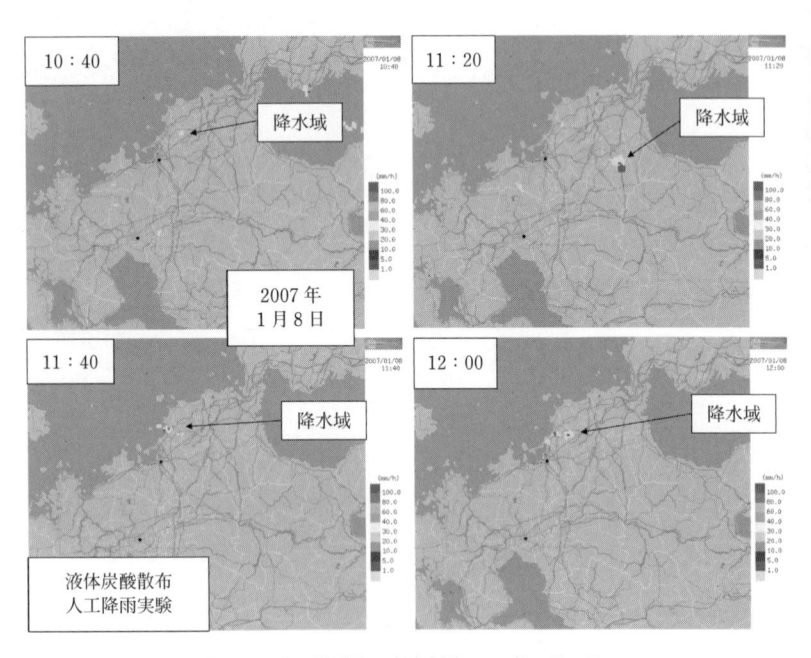

図 - 5.9 人工降雨法の成功事例(2007 年 1 月 8 日)

た.降雨時間は1〜3時間にわたり,降雨(雨量)強度は1〜5 mm/時間で比較的多かった.雲の厚さは約400 mで非常に薄く,従来ではまず降らない雲厚であったが,気温が−7〜−9℃の低温であったことと,内陸に幾つかの山地があること等が関与し,非常に有利に働いたものと判断されている.

　人工降雨は十分な雲の厚さがなければ成功しないとされてきたが,2006年11月7日の実験時における薄い雲に引き続いて,今回も厚さ1,000 m以下の雲でも降雨を引き起こすことが確認された.したがって,実験に成功したといえる.その理由は,厚さが不足していても,人工的に生成された氷晶が,比較的長い時間雲内にとどまり,降水粒子まで成長できる良好な環境が与えられたためである.これは,氷晶の成長を阻害する過剰散布(氷晶同士の成長の競合)を避け,氷晶が雲内でゆっくりと拡散するという液体炭酸散布法のメリットが十分活かされた結果であった.

　なお,前述のように2006年11月7日の実験では,結果的に同じ雲に2回,時間をおいて液体炭酸を散布した結果となっている.これが降水効率を向上させた可能性がある.一方,過剰散布を引き起こす可能性もあったわけで,液体炭酸散布効率の最適化を確認する実験も必要である.

　また,図-5.8,5.9から,内陸山地での上昇気流による雲の成長が影響していることがわかる.2006年2月4日の実験においても,雲の厚さは薄かったものの,標高1,000 m程度の背振山地に当たったため,山地斜面による強制上昇気流により雲の発達が再び促進され,降水現象がもたらされた.前述のように薄い雲でも,液体炭酸法のメリットが活かせれば降水を引き起こすが,このような自然の持つ有

効な条件が追加されると,人工降雨の効果を一層向上させる可能性が大きいことが実験結果から確認された.

b. 今後の方向性の考察と希望　　以上のような知見を活かし,さらにいろいろな条件下で実験を繰り返して,技術手順化,マニュアル化の確立を図る必要がある.

　液体炭酸人工降雨法は,おおむね確立している.しかし,あと一押しの状況である.すなわち,ダーウインの海,つまりすなわち,死の谷(普及化への一歩手前か埋もれそうな技術の溜まり場)にあると思われる.この状況を脱しなければならないが,もしこの状態で埋もれてしまうことになれば,水に苦しんでいる世界の人々,ひいては人類の喪失にまで至るとまで思っている.

　筆者らは次のことを強く思い,願っている.従来のヨウ化銀法やドライアイス法と比較して,非常に多量の降水量が期待される液体炭酸法を普及させたい.それによって干害・渇水問題が軽減され,農業生産量が安定かつ増加し,農業が栄え,農民が豊かになり,ひいては世界の陸地の1/3を占める乾燥地の土地に生活する渇水に悩む人々,さらに進んで全世界の人々の水問題が解消され,人類が安寧・幸福になって欲しいと願うものである.

　なお,本手法は既に特許が米国,日本,カナダ,オーストラリアで取られている.事業として使用するには特許料が必要であるかもしれない.このことが普及に制限要因になっていることは推測されるが,経済的にそれほどの問題ではないと筆者らは思っている.このことで普及せず,地球上の人々が困るのであれば,それは本末転倒であると思われる.大いに普及させたいと思っている.

なお，筆者の初めての観測においては，吉越恆氏，真木みどり氏，大部美保氏，児玉なみ希氏の協力を得て実施された

5.6 2008年1月17日

真木太一，西山浩司，脇水健次

佐世保市を含む長崎県北部を対象にした地域において，2008年1月17日に液体炭酸法による人工降雨実験を行った．今回は，渇水に苦しむ佐世保市の依頼により，受託研究費「佐世保市を含む長崎県北部を対象にした人工降雨プロジェクト」の一環として実施されたものである．

実験は，弱い冬型気圧配置における厚さ約1,300 mの積雲に対し液体炭酸を散布した．液体炭酸は，東松浦半島から北松浦半島北方海上に向けて11:40～11:43の3分間にわたって航空機により散布された．その結果，図-3.11に示したように，人工作用と考えられる降雨域が形成された．すなわち，約50分後の12:33には伊万里湾内の陸地上(松浦市と伊万里市の中間付近)にメッシュ画像によって1 mm/時間程度の降雨域が確認され，かつ7分後の12:40には南部域に移動していることが確認された．つまり，佐世保市方向に移動していることがわかり，風向予測とも関連して有効な結果となった．このように，松浦市から佐世保市北部にかけての地域において，約30分間にわたり単独した形での降雨がもたらされた．

そこで，簡単な氷晶成長・軌跡予測モデルを構築し，氷晶の成長と軌跡を予測した結果，観測された降雨域は人工的に発生した降雨域

であることが示された.また,液体炭酸の散布量やタイミング(雲の位置,風向,風速等)を考慮することにより,特定領域を狙って人工降雨を引き起こす可能性が明らかに示された.

今回はあくまで降雨が発生するかどうかの実験であり,渇水を解消させる目的ではなかったが,佐世保市関係者は,あわよくば渇水解消を期待しているようでもあった.

以上より,液体炭酸法による人工降雨実験が地域を限定した状況で相当の確率で成功することが示唆されたことは,今後の液体炭酸降雨法の普及に有益な実験結果・情報となったことは意義が大きい.

5.7 2009年1月24日

脇水健次,西山浩司

目的は,日本海沿岸の長門市青海島周辺の「降りそうで降らない(過冷却)積雲」の雲底付近に液体炭酸を散布し,中国山地を越え,南東方向に30〜50 km離れた瀬戸内海沿岸の錦川上流の菅野ダム流域(周南市)付近に降水をもたらすことである.つまり,通常,中国山地の影響により日本海側で降水するところを人工的に操作し,中国山地の風下側の瀬戸内海側に降水させることである(図-5.10).

実験は,2009年1月24日,日本海沿岸の山口県長門市青海島周辺で民間航空機を用い,10:30から12:00の間に3回実施された.気象条件は,西高東低の冬型気圧配置で,高度3,000 m以下では西北西の風(風速21 m/秒)が卓越していた(図-5.11).寒気の吹出し時に発生する筋状の積雲列(対流性の過冷却積雲の列)を目標に,雲

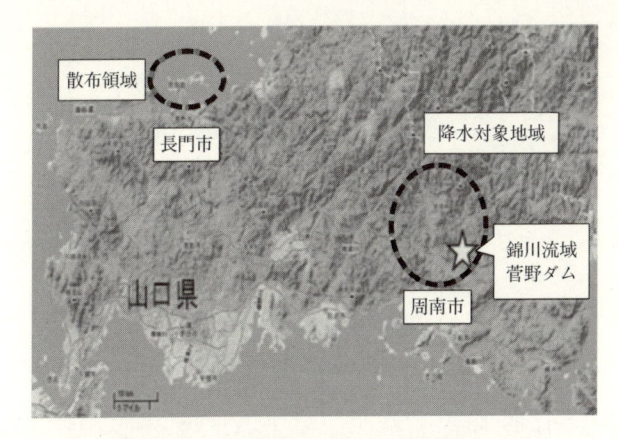

図 - 5.10 人工降雨実験領域および降水対象領域

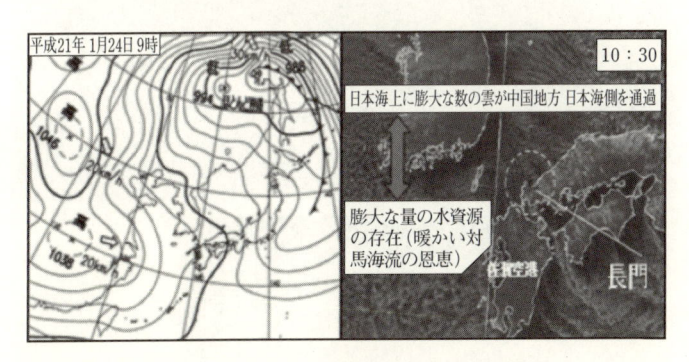

図 - 5.11 2009 年 1 月 24 日の地上天気図 (09:00) (左) と気象衛星画像 (10:30) (右)

底付近に－90℃の液体炭酸を平均散布率 12.3 g / 秒 (3 回の総実験時間は 105 秒,使用した総液体炭酸は計 2,500 g) で散布した.実験対象の過冷却積雲は,雲頂高度 2,987 m,雲底高度 1,524 m の厚さ 1,463 m と,1,000m より少し厚く,雲底付近の気温は－13℃であった (**図 - 5.12**).

西北西, 21 m/秒　　　　　　　　雲頂: 2,987 m

雲の厚さ
1,920 m (約23分後)
457 m
1,463 m

西, 12.5 m/秒　　　　　　　　　雲底: 1,524 m
−13 ℃

平均散布率: 12.3 g/秒

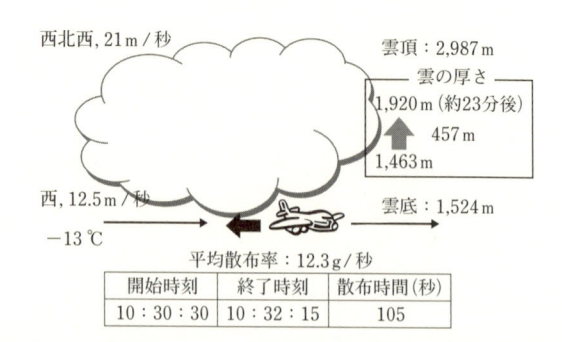

開始時刻	終了時刻	散布時間(秒)
10：30：30	10：32：15	105

図 - 5.12 実験対象の過冷却積雲周辺の気象状態および液体炭酸散布状況

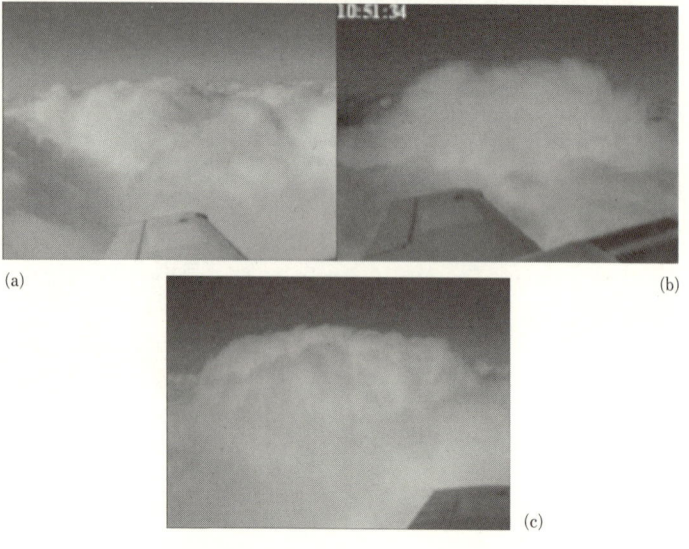

図 - 5.13 液体炭酸散布後の雲の発達状況. (a) 散布後 11 分経過 (10：41), (b) 散布後 21 分経過 (10：51), (c) 散布後 29 分経過 (10：59)

　実験の結果, 対象領域内の地上への降水を確認できたのは, 3 回のうちの 1 回目だけであった. 他の 2 回目, 3 回目は, 散布した雲が

異常に薄かったり,雲の端を航空機が飛行して散布したりしたため,降雨は確認できなかった.

図 - 5.13に航空機から撮影した実験でできた雲(以後,人工雲という)の発達状況と航空機の軌跡を示す.写真から雲の中心付近が盛り上がって発達していることがわかる.

図 - 5.14より,散布後約20分(10:50)にレーダー画像により人工雲のエコーが出現したことが確認できる.散布後,人工雲が出現するまでに要した時間は,過去の実験からみて妥当であると考えられる.一方,人工雲の降水域の出現場所は,散布領域の少し東側であった[**図 - 5.14 (b)**].この理由は,上空の西北西の風により東に流されたためと考えられる.

散布後40分(11:10)には雲の厚さが1,920 mに達し,40分間で散布前(1,463 m)より約460 m雲が厚くなった.

その後,散布後80分(11:50)には人工雲の面積が最大の120 km^{2}となり,その一部が降水対象域(周南市の菅野ダム上流域)にかかった[**図 - 5.14 (c), (d), (e)**].人工雲は,その後約1時間,降水対象域およびその周辺に降水をもたらした.散布後130分(12:40)には人工雲の降水域がレーダー画像から消えた[**図 - 5.14 (f)**].これは,人工降雨を実施された雲の水分がほとんど地上に降水したことを意味している.

図 - 5.15, 5.16の人工雲の降水強度別面積の経時変化から,人工雲のエコー面積が最大になった散布後80分(11:50)に降水強度が最大になり,5〜10 mm / 時間の降水域も出現した.ちょうど,最大降水面積および最大降水強度の時,人工雲が対象領域に達し,人工降雨実験は成功であったと考えられる.

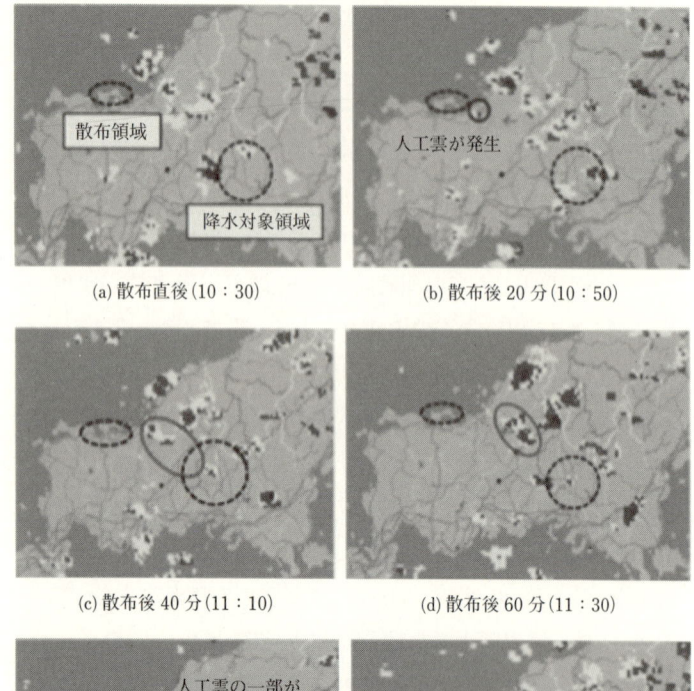

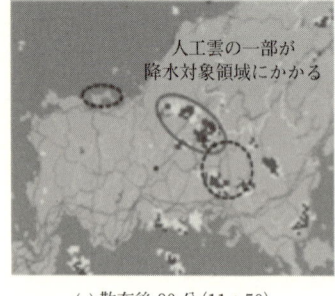

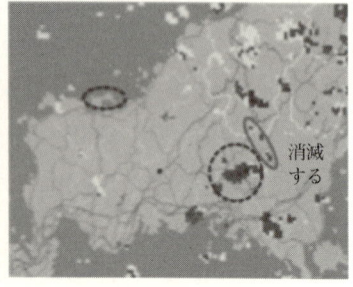

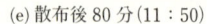

(a) 散布直後 (10:30) — 散布領域／降水対象領域
(b) 散布後 20 分 (10:50) — 人工雲が発生
(c) 散布後 40 分 (11:10)
(d) 散布後 60 分 (11:30)
(e) 散布後 80 分 (11:50) — 人工雲の一部が降水対象領域にかかる
(f) 散布後 130 分 (12:40) — 消滅する

図 - 5.14 人工降水レーダーエコーの経時変化 (2009 年 1 月 24 日, 国土交通省)

図 - 5.17 からわかるように,今回の実験で「降りそうで降らない比較的薄い積雲」から,地上に降った降水をすべて集めたとすると,

5.7 2009年1月24日

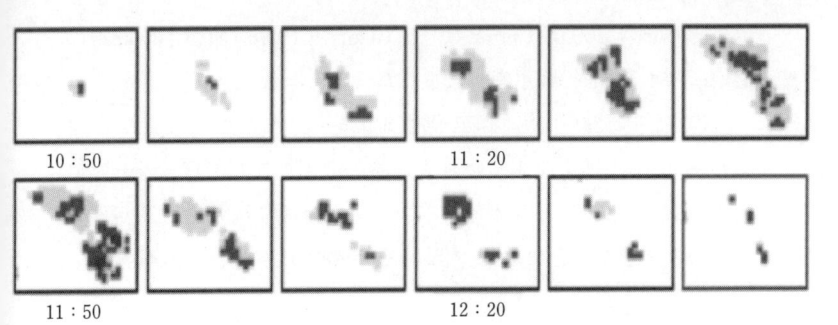

10:50　　　　　　　　　　　　　11:20

11:50　　　　　　　　　　　　　12:20

図-5.15 人工降水レーダーエコーの10分ごとの経時変化

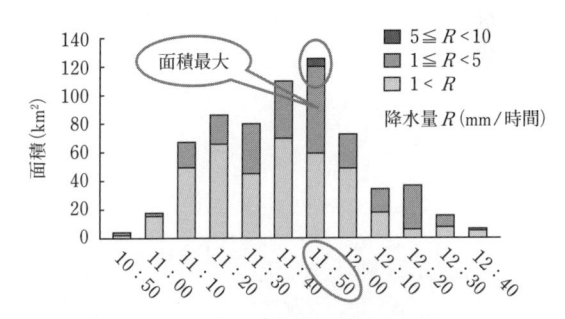

図-5.16 人工降水エコーの降水強度別面積の10分間ごとの経時変化

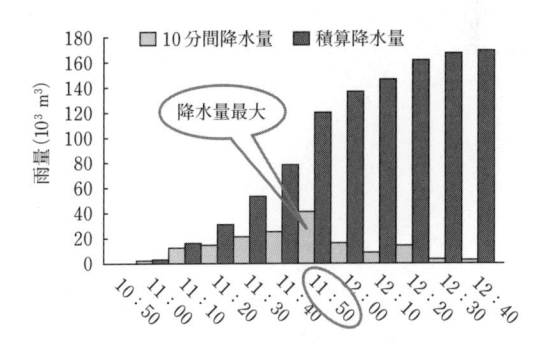

面積最大

降水量 R (mm/時間)
- $5 \leq R < 10$
- $1 \leq R < 5$
- $1 < R$

図-5.17 人工降水エコーの10分間降水量と積算降水量の経時変化

降水量最大

- 10分間降水量
- 積算降水量

積算降水量は 169,000 m³ となり，10 km × 10 km（面積 100 km²）の土地に約 1.7 mm の降水をもたらしたことになる．

　この実験は，瀬戸内海側での渇水対策を目的にした成果である．すなわち，中国山地を越えて降らすことができたことの意義が非常に大きい．このようにピンポイントでの人工降雨を成功させる可能性が一層拡大したことになり，素晴らしい成果であった．

6章
人工降雨実験ドキュメント：失敗事例

6.1　2006年12月18日

真木太一

　2006年11月7日の実験が成功したその日は,北海道佐呂間町で珍しく強い竜巻が発生し,竜巻としては史上最大の多数の死者9名を記録した日である.人工降雨実験を終って佐賀空港から九州大学に帰ってくると,その竜巻の問合せで電話は鳴りっぱなしであった.その理由は,2006年9月16,17日の台風13号に関する科学研究費「暴風・竜巻・水害」の代表者であったためであり,そして挙げ句の果てにはテレビでの解説まで行うこととなった.

　ここでは,2006年12月18日の失敗した事例についてである.そして次の12月28日の実験は,強風のため航空機の飛行が不可能となり,中止せざるを得なかった.

　これら続けての失敗を受けて悲壮な決意で実験した2007年1月8日は成功したが,これについては 5.5 で解説した.

　さて,失敗の話に戻すと,前回(11月7日)の実験成功があり,意気揚々と福岡を発ち佐賀空港へと出かけた.この時のメンバーは,真木太一,西山浩司,鈴木義則であった.福岡の九州大学の実験室から,炭酸ガスのボンベとそれを噴射する直径1 cm,約2 mのステンレス製管を積み込んだ.管の一方をボンベのノズル管につなぐようになっている.つまり,ボンベのバルブを開けると,液体炭酸(炭酸ガスを液体にしたもの.固体はドライアイス)を液体のまま直接空気中に噴射できるようになっている.

　さて,高速道路を経て佐賀空港に着き初めて,ボンベへの炭酸ガス

の補充を忘れたことに気づいた.ボンベの中身は残り少なかった.そこでは,当然ボンベが液体炭酸で満タンである状態が良いと判断され,そのボンベは使用しないことになった.

ここは福岡市ではなく,佐賀市内である.どこかで炭酸ガスの補充ができないかと調べ,すぐに航空機会社の人の機転で炭酸ガス会社を探し当て,急行した.しかし,新たにガスを封入することはできなかったが,封入された炭酸ガスボンベをそのまま買うことができた.その時のほっとした記憶がある.後での経費支払いのため,見積書,請求書,納品書をもらいボンベもともに購入した.

それを航空機に積み,設定より何時間か遅れて玄界灘壱岐島を目指し背振山脈を越えた.そして,適当な雲,積雲を見つけ前回と同様に散布した.もちろん散布している状況は見えないが,雲に散布した後でも,どうも雲が発達しない.九州大学のレーダーからも特段の反応がなく,人工降雨として降っている形跡もない.失敗である.

実はボンベが問題であった.新規購入のボンベは,サイフォン式でない単に出口から炭酸ガスを出すものであった.実験には,ボンベ内部の底部からサイフォンで液体炭酸をノズルに導き,管から放出する方法が必要であり,細管から直接液体で出さなければならないのである.実際は,直接,気体になって出ていたわけである.

そのうえ,この日は佐賀空港側,背振山脈の南側の方では南風が入り,雲がむしろ多く,壱岐島の方が少なかったことも関与しているかもしれないとはいえ,この放出では成功しないわけであり,見事,失敗であった.

理論どおりに液体炭酸を出さなければならないのに,如何に最終的には同じ炭酸ガスになるとはいえ,やはり液体と気体の違いであ

り,現実に失敗を確認する結果となった.自分自身,負け惜しみではなく,いい実体験をしたと思えた.また,炭酸ガスはそれほど多く使うことはないので,量が少なくて中止したそのボンベを使っての実験がもしや可能であったかとも後で思った.

失敗の原因はわかったが,やはり少ない予算から捻出して航空機をチャーターしたのにと,悔しく,残念であった.実験準備における反省は当然であるが,失敗は成功の元として苦い経験として記憶にとどめておくこととなった.なお,この日の費用は航空機費27.3万円,ボンベ1.9万円,レンタカー費約2万円であった.

6.2 人工降雨実験の失敗と怪我の功名

真木太一, 鈴木義則

北部九州での人工降雨実験については,1999年2月2日,10月27日,2006年2月4日,11月7日,2007年1月8日の成功がある.一方,他年次にも九州大学,防衛大学校,海上自衛隊(厚木基地)で共同実験が行われている.ところで,実験を計画しても年間1回程度であるため,人工降雨実験実施の気象条件に適わない,または遭遇しない場合には失敗と評価される.このように年1回程度の実験では,約半年前に自衛隊と打ち合わせて計画を立てるので,実験予定日に福岡・玄界灘付近で全く雲がなければ失敗すると判断され,航空機のフライト自体が中止される.

また,北九州・福岡地域に人工降雨に適した雲がある場合,あるいは厚さ2,000m以上の雲の発生が予測される場合には,自衛隊の航

6.2 人工降雨実験の失敗と怪我の功名

空機は厚木基地から約2時間かけて飛来することになる．しかし，その場合でも雲，風向，風速，気温等の気象条件が変わると，実験は成功しないことになる．このような種々の事情により，1999年の実験開始後2度の成功以降は，2000〜2005年の長期間にわたり実質的な成果は得られなかった．

ところで，怪我の功名とも言うべきものが次の事例である．久し振りに成功した前述した2006年2月4日の実験でも，福岡に飛行機が飛来した時には，既に降雨帯は大分，山口，広島の方に移動しており，残りの雲は液体炭酸を散布しても，本来であれば降らない，かつ雲の厚さも1,000mと，従来の経験からすると実験には不適とされる雲厚であり，成功が懸念される条件であった．

しかし，雲が九州北部の背振山地に当たる山岳効果，つまり山地に吹き寄せる風の上昇気流効果もあり，液体炭酸を散布した雲は，微妙な雲物理学的作用である前述のロレプシン法が効を奏し，人工降雨域を形成した．結果的には予想よりも多い降水量として20〜30万tの水量が得られた．

山による上昇気流の効果は，空気塊の上昇により持ち上げられ凝結高度(空気中の水蒸気が飽和に達する高度)での雲の形成を促進するため，特に北部九州では，地形的に山地への吹当て効果の利用価値は高い．

このような効果・利点は，雲物理学的にシミュレートして評価する必要があるが，実験事例として貴重な情報をもたらした意味は大きい．したがって，地形との関係は重要であり，今後，実験の散布に当たっては重視すべき要素であると思われた．

6.3 人工降雨実験の失敗要因

西山浩司

　実験はいつも成功するとは限らず,その裏に多くの失敗が存在する.当然ではあるが,研究は試行錯誤の連続で,失敗の数も多くなる.なぜ失敗したのか？について十分な検証を行うことは,今後の研究にとってどうしても避けて通れない.ここでは,個々の失敗事例はやめ,失敗に導いてしまっている要因について述べる.

　その一つ目は科学的なことではなく,人間の都合である.既に述べたが,航空機を予約したいけど空いていないとか,今日は会議があるから,講義があるから,お客さんが来るから,学会の発表があるから都合が悪いとか,で良い条件を逃してしまう場合がある.実験運用上,うまく調整していく必要はあるが,人間の都合であり,中にはどうしても外せない必須の予定もあり,解決はそう簡単ではない.多くの研究者がいれば何とかできるが,小さな研究グループでは代わりになれる人員もいない.小さな研究グループには人間の都合は大敵である.

　その二つ目は,気象条件であろう.どんな気象条件になれば,どんな雲が出現するだろうということを前もって想定し,実験計画(シナリオ)を練る.しかし,予報は完全に当たるとは限らず,シナリオを絶えず修正していかなくてはならない.中には急激に天候が変化し,どんどん雲が厚くなることもあれば,その逆もある.また,人工降雨に適した気象条件が出現しても,雲が予想に反して厚かったり,薄かったりする.もちろん,厚さのちょうど良い雲が出現することもある.

そんな具合で,実験の3日くらい前から実験直前まで予報資料に振り回され,結果的に3日前の予想と実験当日では全く気象条件が異なることもある.

それらの要因以外では,実験空域の設定と深く関係しているように感じる.実験空域は,航空会社を通じてあらかじめ設定しておかなくてはならない.当然のことではあるが,多くの飛行機が飛んでいるので,自由に飛び回ることはできない.このような場合,いつも遭遇する問題は,実験空域に実験に適した雲がないのに,そこから外れた領域に実験に適した雲があるなどである.また,使用時間帯も実験の成功・失敗に大きく関係する.使用可能な時間帯に実験に適した雲が現れず,その前後の時間帯に現れるなどのこともある.

このように,いろいろな制限のもと,気象予報の不確定性の中で人工降雨実験を実施しなければならないが,仮に完全に予報が当たり,結果として実験に適した雲が現れたとしても,実験に失敗することがある.実際の実験では,雲の厚さ,風向(雲の移動方向),温度等を十分考慮し,'実験に適した雲'を想定して実験実施の指標とするが,どうもそれだけでは条件が足りないこともある.冒頭でも述べたが,この点を探求することが科学であり,仮に失敗したとしても悲観すべきことではない.もし,'実験に適した'どんな雲でも成功していたら,とっくの昔に実用化されていたであろう.そう考えると,実験の失敗は,実用化のためには避けて通れない必要なステップであることは間違いない.

6.4 人工降雨実験の苦労話

西山浩司

　研究費を潤沢に持つ人工降雨のプロジェクトは,多くのスタッフを要し,恵まれた研究環境(詳細な数値計算,地上・雲内の多くの観測システム等)のもと,数年かけて多数回の人工降雨実験が実施できる.もちろん,空港に人工降雨専用の飛行機をチャーターして常駐させ,実験したい時にはいつでも離陸可能な状況にあることは言うまでもない.このようなプロジェクトには年数億〜10数億円の費用がかかっている.一方で,筆者らが行ってきた人工降雨実験の研究費は,最大でも年1,000万円程度で,最近では年150〜300万円程度である.この程度の研究費では,飛行機をチャーターできても,常駐させることはできない.常駐させるには,人工降雨実験を実施する,しないにかかわらず,相当な追加費用が請求されることになる.研究費が乏しいのでそれができず,チャーター時以外は,遊覧飛行等の別の用途に使われることになる.これでは,人工降雨の実施に適した気象条件が現れても,チャーターできる保証はない.つまり,人工降雨実験を実施するためには,気象状況と飛行機の予約状況の2つの要素を考慮しなければならず,特に苦労する.人工降雨に適した気象条件はいつでも現れるわけではないので,1回良い条件を逃すと,実験ができない日々を悶々と過ごすことも多々ある.

　そんな都合に振り回されて苦労した話をここで紹介する.まず,2008年1月17日の実験である.この日の午後,最も人工降雨に適した条件が来ると判断し,航空会社に予約を入れた.しかし,遊覧飛

行の先客があり, その日の午後は飛行機を使えないとの連絡があった. 午前10時なら使えるということで, やむを得ず予約を入れた. 予想どおり, 午前中は晴れマークで, 降水確率10％の気象条件で, 薄い雲しか期待できない状況であった. この時は空港への到着が大幅に遅れてしまい, 何とか50分ほど遅らせての出発となった. これが幸いしたのかもしれない. 実験空域の玄界灘には厚さ1km程度の雲があちらこちらに存在し, しかも, 自然の降水も観測されていないという好条件であった. 結果的に人工的な単独の降水域を作ることに成功した. このように気を揉む場面が多い状況下, うまくいき良かったが, いつもそうなるとは限らない.

2008年2月13日, 晴れで昼過ぎまで時々雪が降るという予報で, 午後の降水確率は50％であった. 実際, 実験に適した雲が多く存在していた. この状況を考慮し, 午前中に空港到着, 昼前後の離陸・実験開始, という意思決定をしようとしたが, 運悪く, 午前中に外せない重要な会議と重なってしまい, 空港到着が午後1時頃になってしまった. 結局, これが実験を失敗へと導いてしまった. 離陸したのは午後2時頃で, 実験空域に到着した頃には雲が消え始め, どんどん薄くなっていた. しかも, 自然だけでなく人工でも降水をもたらすことができないほど薄くなっていた. もう1, 2時間早く離陸していたら, 自然では降らないが人工的に降らせることが可能な雲で出会えただろう. 案の定, 薄い雲から何も降水を引き起こすことはできなかった.

これは教訓であるが, いろいろな都合に合わせていたら, タイミングを逸してしまい, 人工降雨は成功しない. 言い換えれば, 人工降雨を成功させる出発点は, チャンスが到来した時, そのタイミングを逃

さないこと,つまり,自然の都合に合わせることだろう.そう考えると,自分たちの都合をできるだけ変更できるように調整しておかなくてならない.しかし,それもなかなか難しいのが現実で,自分たちの都合や航空会社の予約状況でこれまで良い条件を逃してしまったことは反省に値する.それでも,いろいろな都合に振り回されながらも,綱渡り的に人工降雨をしばしば成功させてきたことを考えれば,ある意味幸運だったのか?……と思いたくなる.これからも一喜一憂しながら,しかし,くよくよせず前向きに取り組んでいくのだろうと思っている.

7章
人工降雨の研究,普及の利点と問題点は何か

真木太一

7.1 人工降雨と貯水,利水,節水の勧め

　干ばつは,渇水や干害を引き起こし,その解決のための有効な手段として人工降雨法が考えられる.人工降雨法の原理は,既に述べたとおり,液体炭酸,ヨウ化銀,ドライアイス等の散布によって発生させた微細な雪の結晶を成長させ,多数の大きな雪片とし,地上に降下させる方法である.

　これらの雪片が地上付近に達した場合,地上気温が氷点下であれば降雪となるが,気温が氷点下でない場合には,雨・雪 – 相対湿度関係図から判定できる.地上で雪か雨になるかの限界温度は,例えば,石川県輪島では,相対湿度が100%の場合,地上気温が0～2℃(一般的には2℃が多い)であるが,相対湿度が50～60%では4～5℃であり,空気が乾燥していると,このような高い気温でも地上に雪が降ることになる.なお,雪として降らす意義は,積雪であれば,貯水・貯雪法として少しでも長期間保存することができる方法としての意味から記述したものである.

　さて,長期の天気予報で雨が降らないことが予測される場合には,事前に人工降雨によって雨を降らせ,河川に流れ込んだ水をダムに貯水する方法が考えられる.また,ダムに直接貯蔵できない場合には,地上気温が低い状態で雪として降らせ,山地に積雪として保存させることができるが,蒸発,昇華による減少,山地等での蒸発散(物体からは蒸発,生きた植物からは蒸散,合わせて蒸発散)による減少,特に蒸発散は高温の夏季に著しいこと等を考慮しておく必要がある.なお,実施に当たっては,併せて長期予報の精度向上も必要である.

一方, 夏季の干ばつで上空に雲がほとんどない状態では, 現在の人工降雨法では対処できない. また逆に, 雄大積雲の発達した積乱雲の場合には, 散布方法を変える必要があるなど, この両方面の研究も急ぐ必要がある.

さらに, 人工降雨を実施するに当たっては, 種々の気象条件の観測・予測が不可欠であり, また水の損失と節水に関するシミュレーションも不可欠である. このシミュレーションは, 水利用・節水の意味で非常に重要であり, 多くの学問分野との関連が考えられ, 多方面からの共同研究を勢力的に推進する必要がある.

7.2 人工降雨法の事業化と技術移転

人工降雨による降水域は, やはり山脈等の森林地域や農地付近の農山村であると考えられる. さらには, 降雨確率, 実験成功・失敗等々の状況について, 降雨保険や農業共済のような事業化の対策, 保険制度の充実も考慮する必要が発生すると考えられる. 雨を降らせることは, いわゆる天気を悪くすることで, 野外の作業ができなくなるなどの影響・被害への対策, 保険的な対処も考慮しておく必要がある. また, 降雨の確率予測も不可欠である.

なお, 液体炭酸法に関しては, ユタ大学福田矩彦名誉教授がアメリカ, 日本, オーストラリアでの特許を取得しているので, 使用に当たっては, 特許法の一般的な取扱いに従う必要があり, 特に事業化に当たっては, 特許料を考慮する必要がある. この特許が応用・普及に当たってのネックになる問題もあるが, 今後検討を要するとはいえ,

液体炭酸法はドライアイス法,ヨウ化銀法に比べ高効率の可能性が大きいことで,採算面を考慮すれば十分普及が可能であると判断される.

さらには,今後は乾燥地域の多い諸外国として,中国,オーストラリア,チュニジア,サウジアラビア等が共同研究や実施の可能性が高い国と判断される.そして,早急に日本国内で人工降雨法の技術化,マニュアル化を行い,諸外国に技術移転を行う必要がある.逆に遅れれば,そして諸外国で本手法のマニュアル化が行われた場合,今後,イノベーションを誇り技術革新を目指している日本にとって,技術面の信頼性からも大きな損失になると判断できる.

7.3 研究,普及の利点と問題点

人工降雨法の長所・短所について,主として様々な問題点を列挙する.まず,実施の問題点として,費用,場所,タイミング等々がある.社会的,日常生活上の問題では,体育祭,地域・地区の祭で降雨は困るなど,種々ある.特に,降水が一定水量として確実に得られる保証はないこと,すなわち,人工降雨法の確率の低さの問題等がある.以下に,個々の事項について述べる.

a. 種々の気象・地形条件での実施問題　　自然環境が対象であり,気象条件が変化し,同じ天候条件下での実験ではない問題がある.例えば,福岡の実験においては,玄界灘壱岐島上空の主に海上で実施するが,他地域では,複雑な地形条件で実施する必要があるなどの問題

がある.また,風下側では,斜面,山脈の利用が有効であり,九州では福岡県,佐賀県の筑紫山地,背振山付近,そして長崎県,山口県では複雑な地形条件を考慮して実施している.しかし,要は同一地域での実験ができない問題がある.

b. 気象的問題　　人工降雨の実験実施の目的とする時間・時期に天候の変化があり,予想が難しい問題がある.人工降雨には,風速,風向を考慮,評価して対応する必要がある.雲は風で移動するので,1箇所に多く降らすことは難しいとはいえ,積雲の場合には,次々と来る雲に散布することで連続的降雨は十分可能である.

　干ばつ時は,湿度が低く,雲が少ない.特に夏の干ばつ時では,高温で乾燥していることが多い.液体炭酸法は,季節性の適期があり,冬季向きで,夏季には弱い.しかし,今後,積乱雲の利用も視野に入れるなど可能性を求めて研究することによる希望を持てる課題ではある.

c. 航空機使用上の問題　　実験費用の多くは飛行機のチャーター費で,まずその問題がある.次に,雲の下層を飛行するため,種まきが難しい問題がある.特に,小型の飛行機では安全性の問題もあるかもしれない.例えば,雲の下層の一部では,過冷却の雲粒や,雪,霰,雨が降ることがあり,それらに当たると,航空機に衝撃がある.特に,霰,雹の場合には影響が大きく,視界不良となる.そして翼への着氷の問題もあり,きわめて激しい場合には失速の危険性もある.また,大変な強風時には飛べないこともある.これらの状況下では,適宜判断して危険を回避する必要がある.そもそも,このような気象条件が

予測されれば,実施しないことが最善であろう.

一方,液体炭酸法はドライアイス法と異なり,高高度から散布する必要がないメリットがあり,普通は小型のセスナ機でも十分可能である.つまり,上述の悪条件下でも何とかなる可能性がある.航空機には危険性を伴うことがある.ドライアイス法では,航空機を雲の上に上昇させる必要がある.そして,高く上がるため大型の航空機が必要で,ビーチクラフト機以上が必要である.したがって,チャーター機の費用も高くなる.また,ドライアイスは固体であるため粉砕する必要があるし,重量物で場所を取るため,航空機への搬入とその散布に労力を要するなどの問題がある.

　いずれにしても,航空機を使用するに当たっては,航空機使用に関する飛行スケジュールの許可を得なければならない.そして,航空管制塔の指示に従う必要があるため,実施領域,空域が限定される.その他,航空法上,飛行空域許可,炭酸ボンベ搭載許可等,幾つかの制限がある.

　種まきには,ある程度の訓練あるいは経験が必要である.基本的には,航空機を操縦する技術があれば,対応は十分可能であると思われる.例えば,激しい降雪域に入った場合,上昇,下降によりその領域から脱出するなどである.

　航空機の利用に当たって,自衛隊の飛行機を利用するケースでは非常に早い段階から日程を決めて申請する必要がある.気象条件等の関係で,その日,その時間帯に適した気象条件が整っているかは至って危うく,気象条件に左右される問題があり,そのうえ当然のことながら計画を自由に変更できない壁がある.

7.3 研究,普及の利点と問題点

d. 液体炭酸とドライアイスの比較　前述のとおり成功した場合には,水量に対して炭酸ガスは安いことは有利である.液体炭酸の価格はドライアイスより安価である.液体炭酸の保存はボンベ内で行うため,ボンベが必要であるが,これは安価のものである.種まき用ボンベについては留意しなければならないことがある.一度,実験時に十分液体炭酸を補充していなかったため,現地において急遽液体炭酸を購入した.ところがそれはサイフォン式ではなかった(後に判明).実験は見事に失敗に終わった.実施段階の単純ミスは避けなければならない.一方,成功した場合には,得られた水量に対して液体炭酸は非常に安いことになる.

e. 費用対効果の問題　費用対効果から見ると,総合的評価が難しい.同じ条件での実験は少なく,繰返しが少ないためである.シミュレーションが可能になりつつあるが,これについても実験データが少なく,まだ未解明なことが多くあり,机上の空論となりかねない.ドライアイス法で実験がうまくいかなかった状況から,ある程度想像はできるが,それは主にドライアイス法自体に問題がある欠点のためで,シミュレーションが有効利用できないわけではなく,今後は大いに利用すべきである.

f. 水資源に関する問題　人工降雨は,真水として降るため有効であり,ダムに貯水することで,従来からの利用上,そして取り扱いやすく,大気汚染のない地域では最適の方法の一つであろう.環境問題の関係で,散水法は塩水散布で好ましくないが,まだ許容する余地があろう.しかし,ヨウ化銀はヨウ素が害毒であるため,環境破壊につ

ながりかねない大きい問題があり,極力避けなければならない方法である.

g. 地球温暖化の問題　液体炭酸の種まきは,炭酸ガスを大気中にもたらすことになる.炭酸ガスは地球温暖化の観点で,一般の人も専門家も気になることであろうが,使用量は微々たるもので影響はごくわずかである.つまり,種まきによって50万tの降水量が得られた場合でも,使った炭酸ガスは乗用車1台を1日走らせた程度なのである.

逆に雲が拡大すれば,日射を遮るため,地表面付近の気温の低下を起こし,地球温暖化防止に役立つとも推測される.雲を増大させるため,水蒸気で気温や地温が低下する理由である.さらには,下降気流で冷気が地上に達することもある.この現象,内容は非常に興味深いことで,研究を通してこれらに関して,今後,シミュレーションを行うなどで明らかにする必要がある.

h. 実施時期, 季節の問題　夏の積乱雲の制御の問題は,雲消しに作用するか,増雨に作用するか,あるいは大雨になるかは,現段階では明確ではない.しかし,条件を選べば,適当な増雨は十分可能である.なお,積乱雲への散布は,通常よりも高高度で実施する必要がある.これについては別に解説した.また,中・高緯度の冬季には,地表面付近が氷点下であれば液体炭酸散布により霧消しは可能で,飛行場等で威力を発揮できる.

i. 実施場所, 効果範囲　風向,風速,反応時間等を考慮して散布す

れば，降雨場所(範囲)が相当程度コントロールできる．すなわち，液体炭酸法は，陸地上で幾分標高の高い森林地帯に降らすことは比較的容易である．それは，斜面に沿って上昇気流が発生しやすく，降水現象が誘発されやすいためである．一方，都市域での降水では，一般的に都市内で雨を降らせても，水自体の利用性は低い．高温化を抑えるためや，ヒートアイランドの低減程度であろう．

　森林地帯であれば，水の浄化，集水，配水等々，従来の自然の利用法であり，特に問題は見当たらない．水はダムに貯水しておくことで，常時の利用はもとより，非常事態時の干ばつ期に利用可能である．そのため常に貯水しておく必要がある．つまり，ダムの貯水量が大きく減少した，あるいは貯水量の減少が予測される場合には，早めに人工降雨で雨を降らせておくのが適切である．貯水量がぎりぎりになっての人工降雨の要求は，気象的に条件が悪くなった時期に当たり，一層，実施が難しくなる．実施しても最適な条件は少なく，失敗になりかねないので，常に補充しておく方がより適切であろう．また，特に盛夏期の高温時には，乾燥しているため，降らせにくい．すなわち，全く雲のない所では降らすことは不可能だからである．

j. 降雨の評価の問題, 統計的問題　　降水量で評価するか，降水範囲で評価できるかで異なるが，統計的に評価するほど数多く実施してきているわけではないので判断が難しいが，今後多くの実験データを収集して評価する必要がある．

k. 特許の問題　　液体炭酸法については，ユタ大学の福田矩彦名誉教授が既に取得されていたが，2010 年 5 月に逝去されたことで，遺

族およびユタ大学に移っていると判断される.事業として行う場合には,使用に当たって許可を得る必要がある.ただし,実験を目的にした研究においては,2009年時の予算要求において生前に許可を得たこと,および没後の2010年の予算要求に対しても,遺族およびユタ大学から問題がないとの意向を確認していることで予算要求が行われた.しかし,大型予算は通っておらず,小規模の実験は実施しているものの,実際には大がかりな実験はできていなかったが,2011年度より科学研究費基盤Aがスタートしたので,実用化に結びつけられると確信している.

l. 観測装置,観測機器,費用・価格問題　一般に気象測器は高価である.GPSは比較的安価であるが,他の気象測器やパソコン等と組み合わされたものは高価である.九州大学のレーダーが使用できることは非常に有効であるが,装置は非常に高額である.これらの装置の維持は,費用・労力・時間の面でも大変であり,そして運転免許も必要である.しかし,このレーダーをいつでも利用できるメリットは何にも換え難い利点である.もちろん,国土交通省(気象庁),自衛隊のレーダー,人工衛星のデータを利用する必要があり,気象庁や民間の気象協会が扱う人工衛星データも利用できることは参考になる.

m. 海水淡水化装置　海水淡水化プラントは安定的に淡水を確保する近代的装置である.しかし,建設費,ランニングコストは非常に高価な装置である.一度建設すると有効利用されるとはいえ,連続的に稼働させなければならない問題を抱えている.一度停止すると,次の運転時に細部の管内の塩類の除去・清掃等種々の問題が発生する.

したがって,貯水が十分あっても高価な水を造水し続けなければならない欠点があり,かえって不利益・非効率となる.福岡市では,まさにそのとおりであり,有益である反面,市民の税金で賄う負担の大きさは懸念されるところである.ここに人工降雨を利用する余地があるが,短期間での実現は難しいかもしれない.そのためにも,現在,データを蓄積して条件を整えつつあり,今後の成果がおおいに期待されるところである.

n. 乾燥地,沙漠での人工降雨　　乾燥地,特に沙漠では人工降雨は渇望され,利用価値が非常に高く,有望であると考えられる.これについては 8, 9 章で解説する.

o. 人工降雨自体の問題　　自然を相手にする科学技術には二面性がある.特に干ばつ時等では,降雨を期待する一方で,雨が降ると社会的に困るとのクレームも寄せられる.人工降雨とは気象制御・気象改変,すなわち自然改造であるとも考えられる,自然改造に反対する人もいる.自然改造は人間改造に類似すると嫌うのか,神を冒涜するものであるとの宗教的な意見もあるとは聞いている.こうした主張が,ごく一部であることには配慮が必要であろう.

8章
内閣府日本学術会議からの提言（対外報告）

真木太一, 鈴木義則

日本学術会議農学基礎委員会農業生産環境工学分科会では,平成20(2008)年1月24日付けで対外報告「渇水対策・沙漠化防止に向けた人工降雨法の推進」を発出した.

この対外報告のうち,「はじめに」に相当する部分は,本書の「はじめに」の主要部分であるため省略する.また,人工降雨法の特徴と概要については本書の2章に取り入れている.

対外報告の「要旨」,2〜5章と「おわりに」については,ごく一部の文言の修正のみを行った.また,関連の委員会組織,目次,参考文献,参考資料,その他の参考文献,参考図については省略した.

さて,この対外報告をまとめるに当たって,そして,人工降雨法研究の合理的展開を推進するための準備として,以下のことを進めてきた.2006年4月3日に日本学術会議で風水害・渇水対策に関するシンポジウム「最近の台風害と人工降雨法の特徴」を,次いで7月12日に九州大学で日本学術会議・九州大学大学院農学研究院主催シンポジウム「災害社会環境の中での安心・安全と癒し」の中で「人工降雨による安心・安全」を,さらに9月12日には北海道大学で農業環境工学関連7学会2006年合同大会オーガナイズドセッション「人工降雨」を開催し,人工降雨の過去・現在・将来について討議を行ってきた.これらの成果をまとめたものである.詳しくは日本学術会議のHP(http://www.scj.go.jp/ja/into/kohyo/pdf/kohyo-20-t50-1.pdf)[1]を参照されたい.

8.1 対外報告・提言の要旨

a. 作成の背景　人工降雨法は,日本はもとより世界の多くの国々の干害・渇水対策,および世界の1/3を占める乾燥地における地球規模の沙漠化防止,沙漠緑化の実現にきわめて有効な技術・方策であると考えられる.本報告は,幾つかの人工降雨法の広範囲な研究を推進し,実用化,普及に向けての種々の対応策について提言を取りまとめたものである.

b. 現状および問題点　近年,地球温暖化,異常気象が懸念される中で,2005年に西日本では干害と風水害の両極端の気象災害が発生し,渇水対策に人工降雨実施が検討されたが,不測の大雨で中止となった.一方,世界的には干害・渇水対策と沙漠化防止・沙漠緑化が不可欠であり,その具体策として幾つかの人工降雨法が浮上する中で,技術的および社会・経済・政治的な制約で,普及し得ない問題がある.

c. 対外報告の内容　日本学術会議農学基礎委員会農業生産環境工学分科会は,日本および世界の干害・渇水対策,沙漠化防止・沙漠緑化に向けて,研究・政策の方向性を検討してきた結果,人工降雨法の現段階におけるガイドラインの確立が緊急を要する,との結論に至った.

以下の3項目を中心に,早急に対策を構築すべきことを,内閣府,国土交通省,農林水産省,文部科学省,環境省,経済産業省,外務省および都道府県を中心とする国公立試験研究機関,行政機関,大学なら

びに関連学協会に提言する．

① 人工降雨法に関する国内外のデータベースを構築し，ヨウ化銀法，ドライアイス法，散水法，液体炭酸法等の現状とその特性を理論的，実験的に比較検討して究明する．特にドライアイス法と液体炭酸法に対しては，同条件下で比較実験を行い，国内外の実験結果との比較に基づいて最適人工降雨法を確立する必要がある．

② 国内外の人工降雨法の実験結果を参考に，国内・国際共同実験によって人工的な降水に至る雲物理的反応を科学的，総合的に評価し，物理的降水形態，降水密度の評価法および費用対効果の評価法を確立し，実用・普及への技術手順に関する指導書（マニュアル）を作成する．

③ 上記の「人工降雨法の研究・実用化・普及」を推進するために、内閣府の主導のもとに省庁横断型の連絡委員会等を緊急に設置する．

8.2 人工降雨に関する提言

a. 人工降雨法のデータベース構築に関する提言　人工降雨法に関しては，1940年代より各国で実験が行われ，多くの研究・実験事例があるが，それらのデータは各国に散在しており，従来から同じ実験の繰返し等々で無駄が多く，機能的でない場合が多かったと推測される．このため，それら実験データを組織的に収集し，データベースを構築して情報の共有化を図り，有効利用する必要があると考えられる．

また,国内外の研究状況,実験データ等に関する情報交換を行い,研究・実験の現状,進行状況が把握できるように国内外のネットワークを構築する必要がある.

b. 人工降雨法の比較実験に関する提言　人工降雨法に関して,寒候期においては,ヨウ化銀法は環境への悪影響の問題から考えて除き,また散水法は手法が大きく異なるために除くとしても,ドライアイス法や液体炭酸法が如何なる人工降雨効果があるのか,早急に同時に同条件下で比較実験を行い,客観的に評価する必要がある.一方,暖候期においては,散水法を中心とした人工降雨法を科学的に評価・解明する必要がある.

また,これまでの研究成果や業績の評価においても,今後の資源配分・執行に対しても,従来の実験結果および新たに実施される実験・観測結果を十分考慮し,科学的,専門的に一般公開する形態での公表,すなわち専門家を多く加えた査定方式によって客観的に,また公正に実施する必要がある.

さらには,過去および現在の人工降雨実験の費用対効果,人工降雨に対する今後の応用・普及,あるいは一般国民に対する啓発や将来性等についての検討も必要であり,またそれらに関する追跡調査も必要であると考えられる.

c. 人工降雨実験の評価法に関する提言

① 人工降雨実験の評価法　従来,人工降雨実験を行った場合には,同様の実験を繰り返し行い,統計処理して,その効果を評価していたが,短期間の実験・調査で実施できる方法ではない.また,費

用も過大になり,過去の多くの場合には,実験が続かなくなり,効果評価自体ができなかった経緯があった.

　人工降雨法による効果評価としては,雲に散布後,GPS(全地球測位システム)計測による緯度,経度,高度,散布前後の時間を航空機から地上基地に知らせれば,降雨観測レーダーによってその雲域が追跡可能であり,降雨形態が解明できる.それは,雲の成長した降雨域の降水量評価,雲の密度が水平・垂直分布密度として画面上に表示されるため,それを光学的に評価算定する方法に従っている.また,国土交通省のレーダー(例えば,北部九州では背振山レーダー)によってコンピュータ上に画像表示されることでも評価される.次に,非常に有力な評価手段である人工衛星データの可視・赤外画像の利用も可能である.特に,レーダー画像では時間雨量が表示されるため,実際の降水量との比較も可能となっている.なお,これらの技術は,多くの人工降雨法に共通的に利用可能であることはいうまでもない.

　一方,最新の評価法には,航空機に種々の観測機器を搭載して雲物理的な観測を行い,雲モデルを組み合わせて評価する方法があるが,これには高額の雲物理的観測機器と十分な観測体制が必要であるため,実施は限定される.逆に,上述の方法では特別な雲物理的観測機器を必要としない必要最小限の観測法ではあるが,評価が十分可能であることを意味している.

② 人工降雨実験の降水量評価法　　人工降雨法では,時に大雨が降ることがある.それは人工降雨が成功したというより,本来降るべき雨が降ったと観察される事例が多くあり,実験自体が成功したかどうか正確には判定できなかった.したがって,増雨に関する

評価法には，今後，明確な判定評価法が必要である．

実際にどの地域に何 mm の降水量があったかの調査ではアンケート調査も実施する必要があり，また一般的に行われる画像解析結果と比較して，後日，降水に関するアンケート調査の実施も必要であろう．

なお，実際の降水量としては，例えば，上空の風速が 15 m／秒であれば，降雨域もそのスピードで移動する．したがって，雲の幅が 1 km でも通過時間は 1 ～ 5 分であるため，面的に通過する時間は短時間となり，時間降水量としては 1 mm 程度の事例が多いことになる．

さらには，実験段階では対象雲と比較させるために，数回程度実施するための雲を選定して，それぞれ区別して散布する方法が一般的であるが，事業として実施する場合には，人工降雨の増雨効果が確率高く期待できれば，移動する雲に次々と散布していけばよいわけであり，長時間の継続的降水が確保できることは，いうまでもないことである．

③ 人工降雨実験の費用対効果評価法と大気環境評価法　　人工降雨実験を行えば当然費用が掛かり，それに対してどの程度の有益な効果があるかの金銭的な比率である，費用対効果が常に問題になってくる．したがって，人工降雨実験ではこのような実験評価法の開発も充実させる必要がある．

真水を造水する費用は，例えば福岡市にある海水淡水化装置を利用する方法では，1t 当り 230 円（230 円／t）である．一方，ドライアイス法では 20 円／t であり，液体炭酸法では 0.2 円／t であるとの試算結果がある．すなわち，ドライアイス法と液体炭酸法で

は100倍の,海水淡水化装置法では1,000倍以上の価格差となる.淡水化装置建設費や人工降雨法による降水からの実利用水への有効利用率低下等の問題があり,直接的な比較は難しいとはいえ,歴然とした価格差があると考えられる.

また,海水淡水化装置は,建設費が非常に高く,かつ運転費も高いにもかかわらず,運用上あまり運転を停止できない問題もあり,オイルマネーが潤沢な国,あるいは限定された地域で,主に飲料水等の都市生活用水の利用に限定されることになる.したがって,多量の水を必要とする農業・工業用水の観点からすると,海水淡水化法は不適であり,実施費用の安い人工降雨法が産業用水確保には適していると判断される.

次に,ドライアイス法では比較的安価であるが,前述したとおり多量の水量確保には困難な問題がある.たとえ広範囲に散布しても水量の面から解決が難しく,採算ベースは高くなるため,実施範囲は一部の事業に限定されると考えられる.

なお,液体炭酸,ドライアイスは,元は温室効果ガスである炭酸ガスであり,地球温暖化に悪影響を及ぼす心配があるかもしれないが,例えば,液体炭酸法では1フライトで3回程度の散布実験では約10 kgの使用量であり,一般社会の現在の炭酸ガスの使用量から考えると微々たる量であり,この少ない量の割には,100～200万tの水量が得られることになり,非常に有益な技術であると推奨できる.

一方,地球温暖化の問題から考えると,逆に雲が多くなることで日射が遮られる一方,蒸発量が増加することで気温の低下に寄与することも考えられる.このため今後,炭酸ガス,雲量,日射等によ

る温暖化軽減の可能性,およびそのシミュレーション評価の研究も,現時点ではきわめて重要な課題であると考えられる.

d. 人工降雨法の研究, 実用化, 普及の組織体制確立に関する提言

人工降雨法との関連からは,干ばつ・渇水発生時に対応策として,例えば,農林水産省では農作物の干ばつ・干害対策本部を組織したり,国土交通省,経済産業省では渇水対策および生活・工場用水対策本部を組織したり,あるいは都道府県,地方自治体が個別に対応することが多かった.

しかし,干ばつ・渇水対策を実施する場合にも,特に,人工降雨を実施する場合には,干ばつ・人工降雨連絡委員会等の省庁横断型の対策委員会を組織して対応することは非常に効率的であり,有益であると考えられる.したがって,機能的な活動を可能とするには,例えば,内閣府に連絡委員会等を組織するなど,組織体制を確立する必要がある.

なお,21世紀は水の時代,あるいは水不足時代といわれる中では,国内はもとより諸外国においても,毎年各地で発生している干ばつに対して,常時,国連,世界気象機関等で人工降雨による対応策を計画,構築しておくことが必須である.

8.3 まとめ

本報告は,渇水対策・沙漠化防止のための人工降雨の実用化、普及の契機になると考えられる.

これまでの実験結果によると，気象（気温，風速，風向），雲の状況等の散布条件を精選すれば，ほぼ間違いなく人工降雨は可能であると判断される．しかし，雲の形態，厚さ，密度等々，どのような気象状況，散布条件下で実施するのが適切であるかについてのデータはまだまだ十分であるとはいえず，さらにデータ蓄積に努めて，正確な技術手順・指導書（マニュアル）作成に活かす必要があると考えられる．ただし，実験，実施に際しては種々の制約があり，十分な情報収集の実験が行えない状況にある．特に，資源配分面でのバックアップや研究体制の強化，実験環境条件の整備が必要であると考えられる．

以上のように，従来からのドライアイス法，あるいは新しい散水法や，降雨効率の非常に高い可能性のある液体炭酸法等の人工降雨法が，種々の制約条件で実用化に至らない状況は，日本はもとより，世界人類，特に乾燥地における人々にとって不幸な状況にあるといえる．この現状の早急な打開を目指して，対外報告書で提言するものである．

本対外報告は，政府，一般社会に向けての提言であり，主要な提言内容に関しては，政府関係機関と共同で進められるように，対処法，実施方法，研究経費等々の条件整備のもとに，人工降雨法のガイドラインを作成し，研究・実用化・普及の組織体制を確立して，実現に向けて早急に取り組むことが緊要であると考えられる．

引用文献

1) 真木太一，橋本康，奥島里美，三野徹，野口伸，青木正敏，礒田博子，大政謙次，後藤英司，鈴木義則，髙辻正基，野並浩，橋口公一，早川誠而，村瀬治比古，山形俊男：対外報告「渇水対策・沙漠化防止に向けた人工降雨法の推進」，日本学術会議農業生産環境工学分科会，日本学術会議HP，pp.28, 2008.

9章
人工降雨の今後の課題

9.1 沙漠化防止, 沙漠緑化に有効か

真木太一

a. 沙漠地域および沙漠化地域の分布　人口増加による過開発・開墾・耕作, 過放牧, 過伐採, 過剰な水消費により, 近年, 沙漠(砂漠)化が進行して久しい. また, 最近では, 多くの地域において, 地球温暖化による気候変動, 異常気象の影響により沙漠化が進行している状況がある.

さて, 世界的にさらに乾燥化が進み, 沙漠化は治まっていない. サハラ沙漠地域, 中国内部地域・ゴビ沙漠, オーストラリア沙漠等が広く分布する. 例えば, 中国における沙漠化の状況を**図-9.1**に示す.

図-9.1　中国の砂漠化の状況. (左)樹木が砂丘に埋まる状況, (右)砂丘がオアシスに迫っている状況

また,中国のゴビ沙漠を中心にした地域での沙漠および沙漠化状況を図-9.2[2,4)]に示す.

水不足は,陸地の1/3を占めている乾燥地,および季節あるいは年次による乾燥地,換言すれば,降水が少ない地域で発生する.また,干ばつの発生は,湿潤地であっても,当然,起こり得ることである.中国での沙漠化の状況を示したように非常に広範囲であり,その状況は驚くほどの面積になる.なお,沙漠化した地域は,資料[2,3)]によると,5〜7割にも達する.面積比率は,放牧草地では2/3,降雨依存農地で1/2であり,灌漑農地でさえ1/5が沙漠化しており,高率で膨大な面積に相当する.

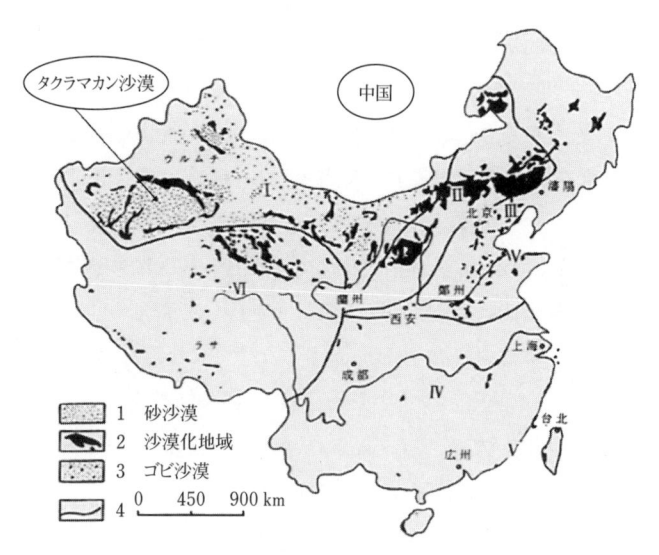

図-9.2 人為的影響による中国の沙漠化地域の類型区分(朱ら,1994;真木,2000)
1.砂沙漠　　2.沙漠化・風砂化　　3.石(ゴビ)沙漠　　4.境界線
Ⅰ〜Ⅶは沙漠化・風砂化の地域区分

沙漠の開発には水が必要であり,周辺の川,湖,池等から取水,集水する必要がある.また,地下水に依存せざるを得ないことも多い.特に地下水では,年々補充される場合は問題ないが,化石水等では使用すれば枯渇することになる.有名なアメリカのオガララ(Ogallala)帯水層の水等は減少している.また,地下水も海岸地域や内陸でも塩の含まれる地域では塩水の場合もあり,真水の利用には限度がある.

このような背景のもとでは,人工降雨に頼る必要性が高くなってくる.しかし,その人工降雨の可能性と難しさについては先述したとおりである.

b. 沙漠の開発と沙漠化防止の可能性

沙漠の開発では,水不足が最大の問題である.また,沙漠化防止においても水はきわめて重要かつ最大の問題である.よく言われる,"水さえあれば,何でもできる"である.もちろん,所によっては,その他にも多くの問題がある.

この水を人工降雨法によって得るためには,主要な3種(ヨウ化銀法,ドライアイス法,液体炭酸法),あるいは暖かい雨を降らす場合に利用される散水法,吸湿剤散布法でも厳しい状況にある.特に散水法,吸湿剤散布法は,特別な場合,条件下を除いて難しい.暖かい雨を降らすには,空気中に雲,水蒸気が多くなければならないが,乾燥地,沙漠ではその水蒸気が少ないため,難しい状態にある.

さて,ヨウ化銀法,ドライアイス法,液体炭酸法は,既に液体炭酸法の有効性は紹介,解説したきたとおりである.そこで,ここでは沙漠に関して液体炭酸法について考えてみる.

そもそも,乾燥地は雲の少ない所で,それが問題なのである.乾燥地では,上空では雪,雨が降っているのに,つまり尾流雲等は見える

9.1 沙漠化防止, 沙漠緑化に有効か

のに, 降らないことが多い. 雷雨時に見られるような雲の動きで, かなり低く, 上空で雨が降っているのが見えても, 雨が地上に達しないことがしばしばある.

乾燥地では, 熱的に積雲あるいは積乱雲ができることがある. また, 山地では同様の現象がより発生しやすいし, 層雲も発生する. すなわち, 山地による強制上昇気流により水蒸気が凝結し雲が発生しやすい.

山地, 山脈を越えると, いわゆる雨陰沙漠のように乾燥地が形成されるが, それは, 山地で雨や雪として降り, 乾燥した風が風下に吹き降りる. この風の多くは, 低温時にはボラ, 高温時にはフェーンとなる. いずれにしても, 風下側は乾燥することを意味する. このような風下において人工降雨を降らせるには苦労を伴うが, 全く不可能ではない. つまり, そのような乾燥地でも, 雨の降りそうな気象条件はあるということである. その時に人工降雨を実施することが必要である. しかし, 乾燥地ではそのような条件は少なく, 限られてくる. それに対応するためには, 天気予報を利用し, 常時対応できるようにしておく必要がある.

そこで, その対応の仕方であるが, 高山や森林に雨を降らせ, 谷川に流れ込む水を利用するのは, 取水ロス等を考慮すると効率が悪いことになるが, それでも人工降雨による山地での降水確率は高くなり有望ではあるが, 緊急の利用には向かないと判断されることになる. 要するに, 降水可能な人工降雨を実施し, 常日頃の降水量を増加させる増雨効果の目的には適していると判断される.

一方, 平坦地での人工降雨の降水はより難しくなる. これには, 積雲の発生のある場合に実施することが可能であろう. しかし, 上空が

低温で氷点下になっていないと,液体炭酸法を用いることは難しい.乾燥地といえども,低気圧は通過するので,その前線通過時に乱層雲や積雲が発生するので,その時に実施すれば,確率が高く,有効となることが多いと推測される.

　乾燥地,沙漠では,最も水が欲しいにもかかわらず,造水や増水が難しく,人工降雨の利用が限られることになる.だがそれに対して,逆に意欲が湧く課題とし,難しいが故に対応,解決しようとするのが科学者,研究者であると思っている.これらの難題も近々には解決され,実用化の目途が立つことを期待する.

c. 人工降雨の実施事例

中国の乾燥地において,ヨウ化銀を用いた人工降雨実験が行われたことは聞いている.小型ロケットを雲目がけて発射してヨウ化銀を雲付近で爆発させ,ヨウ化銀を氷晶核として送り込む方法である.成功したとは聞いているが,本当に成功したかどうかの確認はできていない.もちろん,ヨウ化銀氷晶核が機能する温度領域(-5℃以下)の雲に命中し,うまく反応し,かつ地表に達して雨となればよいが,確率は低く,採算ベースには乗らないかと思われる.しかし,その点は,要望,必要性が非常に高ければ,目的に適うわけであり,この状況は無視できない.しかし,乾燥地での干ばつはつきものであり,かつ面積が非常に広いため一般的には成り立たないが,これもまた対応の目的,事情によるとはいえ,ごく限られた状況ではある.

　また,モンゴルのウランバートル南部のゴビ沙漠域の,周辺に数百mの丘陵地がある広大な平坦地でも実施されたとは聞いているが,成果のほどは明確ではなく,その後は実施できていない.なお,モン

ゴルにおいてのドライアイス法,液体炭酸法での実施事例は聞いていない.今後,少なくとも実験を行う必要はあると思われる.

d. 乾燥地での筆者らの研究計画　　筆者らは,地中海性気候・冬雨気候区のチュニジアで液体炭酸法を計画し,予算要求をしたが,日本国内で予算がつかず,断念している状況である.冬雨気候では,冬季に多く雨が降るが,いずれの地域でも多く降るわけではなく,限られている.地中海地域は北半球に位置することで,冬季は低温となり,中央部が地中海で,水蒸気の補給は相当程度可能であり,かつまた積雲のような雲が比較的多く発生するため,人工降雨に適している.さらに,チュニジアには,筑波大学北アフリカ研究センターの研究拠点,そして北アフリカ研究センター・地中海連携センターの拠点があり,10年近く活動して十分機能しているため,有望であることが挙げられる.しかし,課題として採択されず,実施できていない.非常に残念な状況である.これらの地域で是非とも実験し,さらには実用化に貢献したいとは思っているが,難しいであろうか.また,中国やその他の国でも実施したいが,予算等の絡みがあり,実施できていない.

現在,九州大学の福岡付近において県の補助等の予算により福岡県,長崎県,山口県で実施しているのみである.国の研究予算獲得が可能なように今後の研究と成果に期待したいと思っている.

9.2 夏季の干ばつ対策への応用

真木太一, 西山浩司, 鈴木義則, 脇水健次

a. 世界と日本の干ばつの状況　世界では, 近年, 1968〜73年および1983〜84年のアフリカ・サハラ沙漠からサヘル地帯での干ばつによる大災害で100万人の生命が失われたとされ, 水飢饉は非常に悲惨なものであった. また, 中国では, 1928〜30, 1936, 1941年と, 250〜500万人の死者を出した干ばつを3度も経験している. また, インド(1900年), ソ連(1921〜22, 32〜34年)でも, それに匹敵するほどの死者数があった.

干ばつは, 1年のみの場合もあるが, むしろ数年に及ぶことが多い. すなわち, 夏季・冬季間の連続発生や, 連続した夏季での発生等様々であるが, 特に夏季の干ばつは農作物の不作に影響し, 食糧不足になって死者数につながる事例が多い.

日本では, 上のような激しい干ばつによる死者や水飢饉はないが, 江戸時代の天明・天保年間にはかなり激しい事例があった.

近年の干ばつは, 1900, 03, 04, 09, 13, 17, 22〜24, 26〜29, 33, 34, 39, 42〜44, 47, 51, 58, 60, 64, 67, 73, 78, 84, 85, 87, 94, 2005年と, 約30％の確率で発生している. 中でも1939, 1978, 1994年が激しかった. また, 近年の全国的発生では1967, 73, 78, 84, 94年であった.

その他, 小地域では毎年のように発生しており, 最近では同年次に干ばつ・干害と大雨・水害が発生することも珍しくない傾向が続いている. これは, すなわち気候変動による気象偏差の大きさ, 異常気象

の多発を物語っている.

　最近では, 2005年に九州地域(北九州)で発生しており, 福岡の年降水量は観測史上3番目に少なかった. また, 福岡では2004年7月に雨が少なく, そして2005, 07年では5〜6月の晩春期および本来降るべき梅雨期に少なく(一部で農業被害発生), 7月上旬には大雨害が発生するような, 奇遇にも同じ気象現象が1年おいた2ヶ年で観測された.

　このように近年は異常気象の発生が頻繁であり, 今後ともその可能性が大であることを示している. 干ばつについても, 対策を検討, 準備しておく必要がある.

　ここで夏季の干ばつ対策であるが, 液体炭酸法にしても, ドライアイス法, ヨウ化銀法にしても, 今のところ, すぐには多くの効果は期待できないように思われる. つまり, 夏の干ばつには理論的には対応できる可能性は十分あるが, 古くから行われているドライアイス法, ヨウ化銀法でも夏季における実施経験は少なく, 成功したと称する事例はあっても, 実際のところはどうなのかわからず, 膨大な費用をかけても成功事例は非常に少ないと推測される. 特に, 液体炭酸法では実験例が全くなく, 現在のところ, 残念ながら技術的にも実際に可能であるとは言えないのが現実である. このことについては次で解説する.

b. 人工降雨法の夏季の応用と問題点

　夏季は, 一般に高温・多湿である. そして, 冷夏の年は多くが雨を伴うため, 干ばつにはなりにくく, 人工降雨の必要性はほとんどないであろう. 一方, 問題は夏季の高温・乾燥期である. このような時期に人工降雨を行うには, 特に

雲がない状況では,雲を作ること自体が難しいことになる.相当期待できるのは,積雲,積乱雲である.山地,山沿い,また島嶼域では島のわずかな山地上空に雲が発生することが多いため,それらを利用することができるであろう.

先のとおり,夏季には液体炭酸法,ドライアイス法,ヨウ化銀法ともに適用はきわめて困難である.その理由は,氷点下になる高度が冬季よりも高くなること,上昇気流が非常に強く,雲の中の氷晶,雹,霰の成長プロセスが複雑であること,航空機での実施が危険であること,が挙げられる.

これまで背の高い積雲,積乱雲に適用されてきたヨウ化銀法,ドライアイス法だけでなく,液体炭酸法でも困難な状況は同じである.しかし,全くできないということを意味しているわけではない.すなわち,不安定度に伴って積雲,積乱雲の厚さが異なり,雲の内部の物理的特徴も異なることを考えると,適用可能な条件が存在する可能性はある.その意味ではすべての条件がダメというわけではない.ただし,むやみに実験をするのではなく,数値シミュレーションにより適用条件の範囲を十分に検討しておく必要がある.

さて,上空は夏季でも氷点下である.地表面付近が30℃でも,乾燥断熱減率(100 mで約1℃の気温降下)で上れば,最短距離で上空3,000 mでは0℃に達する.途中,露点に達して水蒸気で飽和されても,湿潤断熱減率(100 mで0.5℃の気温降下と仮定)で下降する.仮に2,000 mで露点に達するとすると,霧,雲が発生し,4,000 mまでには0℃に達することになる.1,000 mで露点に達すると,5,000 mまでには0℃に達する.すなわち,湿潤断熱減率になることは,気温が降下するスピードが遅くなり,なかなか氷点下に達しない

ことを意味し,その分,高度が高くなってしまう.

　液体炭酸法を実施する場合には,散布のため5,000 m まで航空機で上昇しなければならない.この場合でも実施するのは可能ではあるが,効率,費用,中型航空機の準備等で研究以外の困難に直面することになり,実施に向けては紆余曲折が予想される.特に実験に使う航空機の安全性を考えると,実施は簡単ではないことが容易に想像できるであろう.

　既に述べたように,夏季は積雲から積乱雲に発達することが多く,それらが対象となるが,実施例がなく,資料,情報不足で,未経験である.また,積乱雲をある程度活発化させて降水を得ることを期待したいが,これについても情報不足で,経験がない.つまり,現在は,主に寒候期の降水を期待していることを述べておく.

c. 人工降雨の事前対応　　夏季に干ばつが続くと,そのような条件下ではさらに降水を期待することは相当難しくなる.したがって,対策として考えられることは,水不足にならないようにダムに貯水する方法である.もちろん,それを実施しようとしても,それでも干ばつで困り人工降雨を期待するわけである.もう一つは,干ばつが起こりそうなことが天気予報で予測されれば,前もって人工降雨を実施することが望まれる.これであれば,比較的時間余裕もあり,タイミングも得られ,可能性は大である.つまり,ダム等に貯水することが期待できる.換言すれば,ダムをほぼ満水にしておくことが期待できるわけである.

　もちろん,天気予報の精度も関与してくるが,2週間程度の予報精度は相当高いので,干ばつ状況がさら1週間も続くことが予測さ

れれば，人工降雨の実施に踏み切ることは比較的楽である．ダムの満タン方式で対応できれば問題はなくなるが，このようなことは，実施条件が満たされる時に可能となることを意味する．

9.3 気象改良，気象制御への応用

真木太一，西山浩司，鈴木義則，脇水健次

a. 霧消しへの応用　液体炭酸法は，そもそも寒候期（0℃以下）の気象環境における霧を消すために発明・開発された方法である．したがって，気温が0℃以下で，霧が発生している場合には，地上付近，あるいは地表面より離れた上空においても，霧消しが可能である．つまり，過冷却（0℃以下）の霧粒に対して液体炭酸を散布すると，急激な冷却が起こり氷晶が多数発生する．氷晶が現れると，周囲の霧粒は蒸発し，発生した水蒸気は氷晶に取り込まれるため，最終的には霧が消え，ある程度大きくなった氷晶が地上に落下することで霧消しとなる．ただし，多く散布しすぎると，霧は消えても，氷晶の成長が遅れ地上になかなか落下せず，結果的に視程の回復が遅れる可能性がある．使う場合には，どの程度の散布率が適当か十分に調査する必要がある．一方，航空機による実験と違い，車を走らせながら液体炭酸を散布する方法が採用されるので，費用があまりかからない利点がある．

航空機の発着確保のため地上付近で応用可能であるが，日本では霧消し自体ほとんど実施されたことがないし，ましてや液体炭酸散布を散布することはなかった．日本は冬季の北海道を除き，日中，氷

点下になることは多くないし、また、霧が原因で空港が閉鎖されることもあまり多くない。それより強風、雪、雨による飛行中止、欠航の方が多いため、霧消しが行われなかったと推測される。

しかし、北海道等でも航空機を利用することが多くなっており、霧で欠航ということもあり得る。今後、霧消しのためには利用可能な技術として有望で、研究を進め、技術化しておく必要はあると思われる。

b. 気象改良、気象制御としての積乱雲制御への応用　一般に地表が高温、上空が低温の気温垂直分布(順転)の場合、熱的に不安定になり上昇気流が発達する。地表付近の湿った空気は水蒸気として上昇して上空で冷却され、飽和に達し、霧粒、雲に発達する。この雲の多くは積雲となるが、さらに発達すれば積乱雲となり雷を伴うようになる。上昇気流内では雹が発生して地上に落下することもある。また、積乱雲内やその周辺では、ダウンバースト(吹き下ろしの強風)によって強風害を発生させることもある。さらには、積乱雲内を通過する航空機は急上昇・下降の影響を受けて墜落することもあるなど、シビアな気象災害につながることがある。

最近では、地球温暖化の影響もあり、日本、特に関東付近では都市気候(ヒートアイランド)も関与して、積乱雲およびそれらの合体による積乱雲群の発生、発達が顕著になっている状況が観測されている。

地球温暖化により地表面付近での気温上昇に対し、成層圏下層での低温化(これにより地球全体では気温的にバランスする作用、気象現象)の影響で、上下の気温差が拡大し、積乱雲の発達および発生確

率が高くなっている可能性が高い．したがって，積乱雲を弱めることが今後必要になってくるが，現在，実施可能な適当な防止方法はない状況である．

　それら積乱雲，積乱雲群を制御する方法の一つに，雹の成長を抑制して大きさを小さくし，降水強度を弱めて(全降水量は変わらないかもしれない)衝撃を和らげること，具体的には農業被害を軽減することを目的とした雹制御がある．つまり，雹は雲粒等の水滴を取り込みながら急激に成長するので，人工的に多くの氷晶を積乱雲内に作ることによって周囲の水滴を蒸発させ，雹の成長を抑制すること，また，十分成長した人工の氷晶が霰となり，もともと存在する雹と水滴を奪い合うことで雹の成長を抑制することを目的にした方法である．

　しかし，人工的に形成された氷晶の多くは，強い上昇気流の影響を受けて短時間に対流圏界面に運ばれてしまう運命にある．結局，人工の氷晶は積乱雲の上部から吹き上げて巻雲になり，雹の成長の抑制には寄与しない．換言すれば，積乱雲の構造に変化を引き起こすことができない結果となるため，人工降雨技術の中では最も難しい制御の部類であると言える．

　一方，液体炭酸法の適用には，その実験事例がなく，知見が得られていない．現時点では，従来実施されてきたドライアイス法，ヨウ化銀法と同様，積乱雲の強力な活動に対応できるかどうかは不明である．未解明の部分が多く，人工的な気象改良，気象制御でも研究の余地は多く残されている．例えば，人工の氷晶の成長時間を確保するために，過冷却域(0℃以下)の中で上昇気流の弱い領域や下降気流域を利用する方法を適用するなど，十分に検討すべき課題が残されて

いる.

　理論的には液体炭酸を積乱雲に散布して弱める方法が理論的には可能であるが,散布量や散布法が不明である.場合によっては逆効果となり,氷晶から人工の雲,雪,雨への過剰発達を起こし,積乱雲自体を発達させる恐れがある.このあたりの物理的現象は未解明である.今後の研究に期待したい.

c. 気象改良,気象制御としての台風,ハリケーン等の制御への応用

　一時,ハリケーンや台風の制御の研究が盛んになり,アメリカでは,実際に実験が行われたが,実施したハリケーンが逆に引き返してきて被害を与えたとのことで,その後,研究自体が下火になっている.しかし,今後はそれらのコントロールも必要となってきている.

　一例として,Project Stormfury[1]というハリケーン制御実験を紹介する.このプロジェクトは1962～83年にかけて実施された.この実験のコンセプトでは,台風中心から近い壁雲(最も強力な積乱雲が存在する領域:台風の眼を囲む雲域)の過冷却領域にヨウ化銀を散布し,積乱雲中の水滴を氷晶の質量に変換して大量の潜熱放出を促進することを目的としたものである.

　その結果として,もともとあった壁雲が消え,その外側に新たな壁雲ができるようになる.つまり,壁雲の半径が大きくなったことで中心に向かう螺旋状の流れが弱まり,気圧分布の傾きも緩やかになって台風が弱まるという構図である.しかし,壁雲の中には既に多量の自然の氷晶が存在し,水滴はほとんど存在していない状況で,大量の潜熱放出は期待できず,新たな壁雲を作るような状況ではなかった.結果,失敗に終わっている.では,ドライアイスや液体炭酸を使った

らどうなるだろう？ 水滴が既に存在していない以上,残念ながら同じ結果となるであろう.ただし,この実験プロジェクトを通して多くの知見が蓄積されており,今後の実験に多くの手がかりを残していることはいうまでもない.現在,いろいろなアイディアが提案されているものの,目立った台風,ハリケーンの制御計画は見当たらない.

　夢としての域から一歩進めて,現実への発展事項について研究を行う必要はあるが,まだまだ先の研究課題であると推測される.

引用文献

1) 福田矩彦:気象工学－新しい気象制御の方法－.気象研究ノート,日本気象学会,164, pp.213, 1988.
2) 真木太一:大気環境学－地球の気象環境と生物環境,朝倉書店, pp.140, 2000.
3) UNEP:General assessment of progress in the implementation of the plan of action to combat desertification 1978-1984, pp.23, 1984.
4) 朱震達,陳広庭他:中国土地沙質荒漠化,中国科学出版社,北京, pp.250, 1994.

ブラジルのバナナ園で散水人工降雨法を実用化

真木太一

　ブラジルでバナナ王と呼ばれる山田勇次さん(65)は，1960年に13才で北海道から家族でブラジルに移民するが，2年後に父親は他界．20才で兄から独立し茶やバナナを栽培し，36才でミナス・ジェライス州(ブラジル南東部，リオ北方)ジャナーウーバに移住し，降水量の少ない20 haの土地にバナナを植え，灌漑栽培を実施してきた．現在は1,100 haのバナナと150 haの柑橘類，その他の果物等，合計1,620 haで栽培し，さらに牛2,500頭を飼育し，総面積は12,000 haある．プラタ種バナナの出荷量は，年間3,500 tのブラジル1位である．

　当地は海抜500 mで，年降水量は700 mmの地域である．連邦・州が灌漑プロジェクトを推進していることを聞き，そこに落ち着いた．農場の規模拡大に当たっては水がさらに必要になり，乾燥・干ばつになると，飛行機で散水することを思いつき実施している．これがまさしく人工降雨の散水法である．小型飛行機のタンクに真水を積み，積雲の下部で散水する．ブラジルは高温・多湿の気象であるとのイメージがあるが，この地域は乾燥することが多い．しかし，積雲ができることは，その付近の上空で湿度が高いことを示している．したがって，雲が発生することも見計らって手軽に飛行機で飛びたち散水する．散水法の人工降雨が成功している貴重な成果事例であり，事業の一部として実用化していることは，さらに評価できる技術である．す

なわち,散水による水滴に周辺の水蒸気が衝突・吸着し,合体・成長させる現象を活かしている.

10 km四方の土地と広いため,その上空で雨を降らすことができるわけである.しかし,これには灌漑水と人工降雨との両方法があることで,有利な条件となっている.

なお,2009年6月12日にテレビ東京「世界を変える100人の日本人!」でブラジル・バナナ王,ブラジル英雄列伝「天気を自在に操る男」として放映された.

日本でも沖縄の南西諸島,伊豆諸島等が思い浮かぶが,実験はわずかに実施されたが,成果は上がっていない.島に限らず,夏季の高温・多湿時に雲が発生した所は,今後の成果が期待される.

参考文献

1) English,M, D.J.Marwitz:A comparision of AgI CO_2 seeding effects in Alberta cumulus clouds, *J.App.Met.,* 20, 483-495, 1981.

2) 福田矩彦:気象工学-新しい気象制御の方法-、気象研究ノート、164,日本気象学会, pp.213, 1988.

3) Fukuta,N.:The principle of low level penetration seeding of homogeneous ice nucleant(LOLEPSHIN), the self-enhancing glaciogenic seeding of optimized feedbacks, *Preprints,8th WMO Sci.Conf.on Weather Modification,* Casablanca, Morocco, 7-12 April 2003, *WMO Report,* 39, 75-78, 2003.

4) Fukuta,N., K.Wakimizu, K.Nishiyama, Y.Suzuki, H.Yoshikoshi:Large unique radar echoes in a new, self-enhancing cloud seeding, *Atmos.Res.,* 55, 271-273, 2000.

5) Javanmard,S., N.Fukuta, K.Nishiyama, Y.Suzuki, and K.Wakimizu:Numerical modeling of low level horizontal penetration seeding of supercooled cloud with liquid carbon dioxide, *J.Fac.Agric.,* Kyushu Univ., 43, 239-255, 1998.

6) 人工降雨研究会:人工降雨に関する調査研究報告書(福岡県), pp.53, 2001.

7) イノベーション25戦略会議:長期戦略指針「イノベーション25」, pp.79, 2007.

8) 真木太一:干ばつ・渇水の中での人工降雨法による安心・安全,日本学術会議生産農学委員会・九州大学農学研究院シンポジウム「災害社会環境の中での安心・安全と癒し」講要集,九州大学五十周年記念講堂, 5-6, 2006.

9) 真木太一:学術の今日と明日(渇水に対する人工降雨や風水害・異常気象研究の提言に向けて),学術の動向, 2006(7), 64-66, 2006.

10) 真木太一,西山浩司,脇水健次:人工降雨の実用化に向けた新しい「液体炭酸法」の特徴, OHM,オーム社, 93, 4-5, 2006.

11) Nagata,M., K.Wakimizu, K.Nishiyama, N.Fukuta, and T.Maki:Numerical simulation for optimum seeding operation using liquid carbon,*J.of Agric.Met.,* 60(5), 901-904, 2005.

12) Nishiyama,K, N.Fukuta, and K.Wakimizu:Theoretical approach for optimum seeding operation using liquid carbon dioxide seeding, *J.of Agric.Met.,* 60(5), 721-724, 2005.

13) 日本学術会議:地球規模の自然災害の増大に対する安全・安心社会構築,地球規模の自然災害の増大に対する安全・安心社会構築委員会, pp.119, 2007.

14) 日本学術会議イノベーション推進検討委員会:科学者コミュニティが描く未来の社会, pp.232, 2007.

15) Ota,Y, K.Wakimizu, K.Nishiyama, N.Fukuta, and T.Maki：LC seeding test in western Kansas hail suppression possible hail fallout by air flux choking, *J.of Agric.Met.,* 60(5), 905-908, 2005.

16) Takeda,K.：An evidence of effects of dry-ice seeding on artificial precipitation, *J.Appl.Met.,* 3, 111, 1964.

17) 武田京一, 元田雄四郎：降雨機構とその応用－人工制御, 天気, 16(9), 384-388, 1969.

18) Wakimizu,K., K.Nishiyama, Y.Suzuki, H.Yoshikoshi, and N.Fukuta：Precipitation augmentation by a new method of cloud seeding in northern Kyushu (2), *J.Fac.Agric.,* Kyushu Univ., 45(2), 565-575, 2001.

あとがき

　地球環境問題が顕在化している21世紀の今,淡水資源の確保には特に関心が寄せられているが,古来,人類にとって人工的に雨を降らせることは夢であり,希望であった.それ故,世界各地で呪術・祈祷から,科学的基礎を持つ技法まで,限りない努力が払われてきた.雄大な雲を空に浮かぶダムとみたてて,干ばつの時に大地を潤すため雲のダムのゲートを開くことができないか,できるとすればその方法はどのようなものか.そのゲートのボタンの役割を果たすのが人工降雨の科学的種まきである.

　本書では,人工降雨の原理から見て最も新しいものを取り上げることにし,最近の研究であっても従来法を踏襲しているものは除外することにした.結果,近年の筆者らの実験例が中心となった.日本国内でもマスコミ報道にもあるように,筆者ら以外にはるかに大きな資金のもとに強力に研究を進め,しかも行政対応の形で実施しているグループも存在する.

　本書を繙（ひもと）かれた"速読家"の方の目には,文体の違いや繰返しの多さが気になることであろう.本書では,金子みすずさんの「みんな

違ってみんないい」に倣(なら)い,執筆者の個性を大事にし,あえて統一は図らないこととした.一方,繰返しについては,興味ある項目を拾い読みする読者の便宜を考えたこと,そして執筆の担当ごとに起承転結の意識が強くあったことがある.

また,本書には「失敗例」と題する項目が多く並んでいる.それ故,本書を手に取られた方は,「失敗」という文字が多いことに違和感,強いて言えば疑問を持たれたことであろう.しかし,これは科学者・研究者の良心の現れとみていただきたいと思う.ものの見方の立場から極論すれば,自然を相手にした科学実験の場合,本来,失敗はないと言える.あるとすれば,人命に関わる重大事故を伴う場合である.つまり,うまくいかなかった条件を明らかにできたこと自体が有益なデータになるからである.

本書では,成功事例にしても失敗事例にしても,研究者としての喜び,悩み,反省が,場合によっては嘆き節も率直に語られている.他所(よそ)から見れば華やかに映る研究現場には,一筋縄ではいかない多様な障害があるのである.そのため,みすみす成功を逃すことがあり,結果として単なる失敗と評価されてしまうことがある.実は,そのところを理解していただけるのではないかとの期待も込め,生の声も記述したのである.

21世紀の淡水危機が指摘される中,急がれる対策技術の一つが人工降雨と思われる.ただし,現段階では,その実用化には限界がある.しかし,本書が寄与できる可能性を示す材料になれば,あるいは将来の方向性に希望の灯をともすのであれば,そして,若い研究希望者が登場してくれることになれば,筆者らの本望が適(かな)うことになる.現在も研究は進行中で,データの蓄積が期待されていることを明記して

おきたい．最後に真木太一名誉教授の多大なるご尽力に対し，また，編集・出版に当たられた技報堂出版の小巻愼氏のお骨折りに対し厚く御礼申し上げる次第である．

2011年12月21日

鈴木　義則

索　引

【あ, い, う, え, お】

暖かい雨　33,79,83
暖かい雲　6,11,43
雨陰沙漠　153
雨の種　11
霰(あられ)　43,48,79,131
　——の成長　37,64,158
安定気層　37
安定[成]層　50,70,82

壱岐島　93,101
異常気象　1,23,141,150,157
伊藤徳之助　9

ヴォンネガット　7
雨量計網　54
雲厚(雲の厚さ)　8,21,101,107,121
雲頂　37,54,95,102
雲粒[核]　78,85,88

衛星画像　101
液体炭酸散布　68,95
液体炭酸種まき実験　92
液体炭酸法　2,9,34,40,48,68,84,128,142,152
塩化カルシウム　8
塩化ナトリウム　78
塩水　34,133,152
鉛直断面(RHI)　93,99

オゾン　81
大雪の目安　62

【か, き, く, こ】

海塩核(粒子)　8,85
海水淡水化装置　136,146
可降水量　86
過剰種まき(散布)　30,36,107
渇水対策　3,21,108,140,147
カナトコ雲　28,37
壁雲　163
過飽和大気　78
空梅雨　1
過冷雲底種まき法　34
過冷却[水滴,雲,霧]　6,11,13,14,34,84,110
干害対策　108,141,147
寒気　52,110
乾燥断熱減率　158
乾燥地　137,152
干ばつ　2,23,129,131,137,147,156

気圧の谷　56
気球散水法　13
気球法　11
気象衛星画像　55,61
気象制御[改変,改良]法　3,137,161
気象庁観測網　54
気象予報の不確定性　123
気象レーダー　55,66

季節風　52,57,61,67,74
逆転層　62
吸湿剤散布法　38
凝結核　8,34,44,78
極成層圏雲　80
霧消し　84,134,160

雲　78
雲消し　134
雲物理[学]　46,64,121,142

豪雨(雪)　63,88
降雨時間　107
降水確率　125
降水強度　107,113
降水粒子　78,88,100,107
　——の衝突　88
航空機[観測]　17,64,92,118,131,158,160
高分子化合物質　38

【さ, し, す, せ, そ】
サイフォン式　119
沙漠　137
沙漠緑化　4,141,150
沙漠化防止　3,140,147,150
山岳効果　121
散水航空機法　20
散水法　3,8,32,142,165

シェーファー　7,18
紫外線　81
湿潤断熱減率　158

視程の回復　160
実験計画　122
GPS機器　53,144
終端速度　79
昇華核　78
上昇気流　50,60,107,121,162
衝突(水滴, 降水粒子の)　43,88
正野重方　10
人工雲　113
人工エコー　9,69
人工降雨[法]　2,25,39,59,91,117,127,140,149,157,165
　——の基本, 原理　41,43
人工降雨研究　23,127
人工降雨実験　21,51,68,72,91,117,120
人工増雨　10,145
人工氷晶　49

吹送距離　57,66
筋雲　42,61,74
ストークスの抵抗法則　79

西高東低(気圧配置)　45,51,56,63,74,97,110
成層圏　80,86
積雲　32,50,61,64,69,84,92,97,101,109,119,131,153
積乱雲　28,37,40,50,60,131,134,153,158,161
雪片成長　64
背振山　104,131
潜熱　35,82,163

増雨効果　41,66,153

【た, ち, つ, て, と】

大気中の水資源　55
台風の制御　163
対流圏[界面]　50,80,85
ダウンバースト　161
武田京一　10
竜巻　89,118
ダム　133,135,159
炭酸ガス[ボンベ]　118,134

地球温暖化　1,85,89,134,141,146,
150,161
地球規模　1,141
地上発煙法　29
地中海性気候　155

対馬暖流　58,69,111
冷たい雨　33,44,83
冷たい雲　6,13,44

寺田一彦　10
天気図　53,97

冬季水資源　58
塔状雲　20,27
ドライアイス気球法　13,17
ドライアイス法　3,6,26,48,128,142

【な, に, ね】

ナトリウム塩　33,44

日本学術会議　1,139,141

熱と水蒸気　61,67

【は, ひ, ふ, へ, ほ】

ハリケーン　89,163

飛行機雲　79
P3C対潜哨戒機　72,95
ヒートアイランド　135,161
費用対効果　133,145
雹（ひょう）　37,48,79,131,158,162
氷晶[核]　27,37,43,50,71,107,109,
154,158,160
氷晶核測定装置　16

ファイラス効果　9,35
フィンガーシュート　21
福田矩彦　9,11,34,68,92,129,135
冬の水資源　42

併合(降水粒子,水滴の)　43,88
北京オリンピック　34
ベルジェロン・フィンダイセン　6,84

ボーエン　8
放射冷却　56

【ま, み】

真水　34,133,145,152

水資源　3,24,36,42,58,133

【や, よ】

山本義一　10

ヨウ化銀地上発生法　14,15
ヨウ化銀気球法　12
ヨウ化銀法　3,7,12,29,59,128,142,154

【ら, る, れ, ろ】

ラングミュア　7,18

ルードラム海塩粒子説　6

レーダー　9,41,119
レーダーエコー　31,68,93,97,104,113,144
レッシット効果　9,35

ロレプシン法　9,35,121

人工降雨
―渇水対策から水資源まで―

定価はカバーに表示してあります。

2012年 3月15日 1版1刷発行　　ISBN978-4-7655-3453-6 C3044

編　者	真　木　太　一		
	鈴　木　義　則		
	脇　水　健　次		
	西　山　浩　司		
発行者	長　　滋　　彦		
発行所	技報堂出版株式会社		

日本書籍出版協会会員
自然科学書協会会員
工学書協会会員
土木・建築書協会会員

〒101-0051 東京都千代田区神田神保町1-2-5
電　話　営　　業（03）（5217）0885
　　　　編　　集（03）（5217）0881
　　　　Ｆ Ａ Ｘ（03）（5217）0886
振替口座　　00140-4-10
http://gihodobooks.jp/

Printed in Japan

©Taichi Maki, Yoshinori Suzuki, Kenji Wakimizu, Kouji Nishiyama, 2012
装幀：田中邦直　印刷・製本：昭和情報プロセス

落丁・乱丁はお取り替えいたします。
本書の無断複写は、著作権法上での例外を除き、禁じられています。

―― 2012年3月 刊行 ――

黄砂と口蹄疫
―大気汚染物質と病原微生物―

B6・総208頁　　定価2,100円(税込)　　　　　真木 太一 著

日本では，黄砂は春の風物詩で，視程が悪くなり，洗濯物や窓を汚したりする程度と捉えられている．近年のエアロバイオロジーの研究が発展しつつある中で，黄砂が及ぼす重大な影響について解明が進められている．本書は，大気汚染物質，口蹄疫，麦さび病，鳥インフルエンザに言及し，その中でも特に記憶に新しい口蹄疫について詳細にその侵入経路，伝播経路，蔓延状況を説明した．それは，口蹄疫以外の病原性微生物の侵入にも備えるべきを示している．

1章　黄砂と越境大気汚染
　　　黄砂と大気汚染物質／黄砂の特徴とその影響／黄砂と大気汚染との関係／黄砂の発生源と輸送中の健康，病気への影響／黄砂の海洋，気候への影響と沙漠化防止対策
2章　口蹄疫の基本情報と発生，防疫および空気伝染
　　　基礎的情報／発生と防疫／風による外国での伝播事例
3章　海外での口蹄疫の発生状況
　　　海外での発生と国内での発生／口蹄疫による自然侵入，人為侵入，特にテロについて
4章　口蹄疫初発生の伝播経路と原因－黄砂，風による伝播，蔓延－
　　　初発生／発生，蔓延／黄砂飛来によるウイルス伝播の可能性／発生経過，伝播の理由，対処方法／防除処理問題と空気伝播情報処理問題／黄砂と口蹄疫との関連研究による新事実／黄砂に付着した口蹄疫ウイルス検出法／2000年の宮崎と北海道での口蹄疫の発生と伝播／韓国での再発生と北朝鮮での発生／侵入防止の黄砂軽減対策
5章　詳しい発生状況の考察－疫学調査中間とりまとめ
　　　発生集中地での状況－発生初期／発生集中地以外の隔地での発生状況－えびの市／発生中期の重要・注目地点での発生状況－県家畜改良事業団での発生／発生集中地以外での発生状況－発生後期
6章　口蹄疫の防疫対応・改善法国－口蹄疫対策検証委員会報告書－
7章　日本学術会議からの黄砂，大気汚染物質に関する報告，提言
8章　鳥インフルエンザの発生，蔓延について
9章　2007年の大分県，山口県での麦さび病の発生，伝染状況

技報堂出版　　TEL／営業 03-5217-0885　　編集 03-5217-0881
　　　　　　　　FAX／03-5217-0886　　http://gihodobooks.jp/